富士 X-H2s
摄影与视频拍摄技巧大全

雷波◎编著

化学工业出版社
·北京·

内 容 简 介

本书讲解了富士X-H2s相机的各项实用功能、曝光设置技巧及拍摄各类题材的实用技巧等，通过先学习相机结构、菜单功能，再接着学习曝光功能、器材等方面的知识，最后学习生活中常见的题材拍摄技巧，让读者迅速上手富士X-H2s。

随着短视频和直播平台的发展，越来越多的朋友开始使用相机录视频、做直播，因此本书专门通过数章内容来讲解了拍摄短视频需要的器材、需要掌握的参数设置技巧、镜头运用方式以及使用富士X-H2s相机拍摄视频的基本操作与菜单设置，让读者紧跟潮流玩转新媒体。

相信通过本书的学习，读者可以全面掌握富士X-H2s相机的拍摄功能，既能拍美图打造朋友圈亮丽的风景线，又能拍好短视频一举抓住视频创业风口。

本书附赠一本人像摆姿摄影电子书（PDF）、一本花卉摄影欣赏电子书（PDF）、一本鸟类摄影欣赏电子书（PDF），以及一本摄影常见题材拍摄技法及佳片赏析电子书（PDF）。

图书在版编目（CIP）数据

富士 X-H2s 摄影与视频拍摄技巧大全 / 雷波编著 . —北京：化学工业出版社，2024.1

ISBN 978-7-122-44362-5

Ⅰ . ①富… Ⅱ . ①雷… Ⅲ . ①数字照相机 – 单镜头反光照相机 – 摄影技术 Ⅳ . ① TB86 ② J41

中国国家版本馆 CIP 数据核字（2023）第 201942 号

责任编辑：李 辰 孙 炜   封面设计：异一设计
责任校对：宋 玮   装帧设计：盟诺文化

出版发行：化学工业出版社（北京市东城区青年湖南街13号 邮政编码100011）
印 装：北京瑞禾彩色印刷有限公司
710mm×1000mm 1/16 印张12$\frac{1}{2}$ 字数296千字 2024年2月北京第1版第1次印刷

购书咨询：010-64518888   售后服务：010-64518899
网 址：http://www.cip.com.cn
凡购买本书，如有缺损质量问题，本社销售中心负责调换。

定 价：99.00元

前　言

　　本书是一本全面解析富士 X-H2s 相机强大功能、实拍设置技巧及各类拍摄题材实战技法的实用类书籍，将官方手册中没讲清楚或没讲到的内容，以及抽象的功能描述，通过实拍测试及精美照片示例具体、形象地展现出来。

　　在相机功能及拍摄参数设置方面，本书不仅针对富士 X-H2s 相机的结构、菜单功能，以及光圈速度、快门、白平衡、感光度、曝光补偿、测光、对焦、拍摄模式等设置技巧进行了详细讲解，更有详细的菜单操作图示，即使是没有任何摄影基础的初学者，也能够根据这样的图示玩转相机的菜单及功能设置。

　　在镜头与附件方面，本书针对数款适合该相机配套使用的高素质镜头进行了详细点评。同时对常用附件的功能和使用技巧进行了深入解析，以便各位读者有选择地购买相关镜头或附件，与富士 X-H2s 相机配合使用，从而拍摄出更漂亮的照片。

　　在摄影实战技术方面，本书通过大量精美的实拍照片，深入剖析了使用富士 X-H2s 相机拍摄人像、Vlog 等常见视频的技巧，以便读者快速提高摄影水平。（此部分内容在本书附赠的电子书中）

　　考虑到许多相机爱好者的购买初衷是拍摄视频，因此本书特别讲解了使用富士 X-H2s 相机拍摄视频时应该掌握的各类知识。除了详细讲解了拍摄视频时的相机设置与重要菜单功能，还讲解了与拍摄视频相关的镜头语言、硬件准备等知识。

　　经验与解决方案是本书的亮点之一，笔者通过实战总结出了关于富士 X-H2s 相机的使用经验及技巧，这些经验和技巧一定能够帮助各位读者少走弯路，让读者感觉身边时刻有"高手点拨"。

　　本书还汇总了摄影爱好者初上手使用富士 X-H2s 相机时可能会遇到的一些问题、出现的原因及解决方法，相信能够帮助许多爱好者解决这些问题。

　　为了拓展本书内容，本书将赠送笔者原创正版的 4 本摄影电子书（PDF），包括一本人像摆姿摄影电子书、一本花卉摄影欣赏电子书、一本鸟类摄影欣赏电子书，以及一本摄影常见题材拍摄技法及佳片赏析电子书。

　　如果希望与笔者或其他爱好摄影的朋友交流与沟通，各位读者可以添加客服微信 hjysysp 与我们在线沟通交流，也可以加入摄影交流 QQ 群与众多喜爱摄影的小伙伴交流，群号为 327220740。

　　如果希望每日接收到新鲜、实用的摄影技巧，还可以搜索并关注微信公众号"好机友摄影"，或者在今日头条或百度、抖音、视频号中搜索并关注"好机友摄影"或"北极光摄影"。

编著者

目 录
CONTENTS

第 3 章 必须掌握的基本曝光设置

第 4 章 活用曝光模式轻松拍出好照片

第 5 章 拍出佳片必会的高级曝光设置

第6章 滤镜种类及使用技巧

第7章 镜头基本概念及实用镜头推荐

第8章 摄影及视频拍摄必备附件

第9章 拍视频必学的镜头语言与分镜头脚本撰写方法

第10章 录制常规、延时及慢动作视频的参数设置方法

第11章 口播、美食、Vlog等常见视频类型实战拍摄方法

第 1 章

掌握相机从机身开始

富士 X-H2s相机
正面结构

❶ **Fn2按钮（功能按钮2）**

此按钮功能可以自定义，在默认设置下，按此按钮可以显示水平仪

❷ **前指令拨盘**

旋转此拨盘可以选择菜单选项卡或翻阅菜单，以及调整光圈、曝光补偿、感光度或在回放时切换照片

❸ **AF 辅助灯 / 自拍指示灯**

当在 "AF 辅助灯" 菜单中选择 "开" 时，当拍摄场景的光线较暗时，此灯会亮起以辅助对焦；当启用 "自拍" 功能时，此灯会闪烁进行提示

❹ **同步终端**

使用同步终端可连接有同步线的闪光灯组件

❺ **手柄**

在拍摄时，用右手持握此处。该手柄按照人体工程学的理念进行设计，持握起来非常舒适

❻ **镜头释放按钮**

用于拆卸镜头，按住此按钮并旋转镜头的镜筒，可以把镜头从机身上取下来

❼ **Fn3 按钮（功能按钮3）**

此按钮功能可以自定义，在默认设置下，按此按钮可以显示对焦模式

富士 X-H2s相机

顶部结构

① 背带环

用于安装相机背带

② 拍摄模式拨盘

可选择 P、S、A、M 及录制视频、滤镜、自定义拍摄等多种不同拍摄模式

③ 热靴

用于外接闪光灯，热靴上的触点正好与外接闪光灯上的触点相合；也可以外接无线同步器，在有影室灯的情况下起引闪的作用

④ 副显示屏

可观察光圈、快门、感光度、曝光补偿、胶片模拟模式等拍摄参数

⑤ 电源开关

用于开启或关闭相机

⑥ 快门按钮

半按快门可以开启相机的自动对焦系统，完全按下时即可完成拍摄。当相机处于节电状态时，轻按快门可以恢复至工作状态。

⑦ 录制视频按钮

完全按下可以开始录制视频，再次按下结束录制

⑧ ISO 感光度控制按钮

按此按钮可以设置 ISO 感光度及自动感光度、扩展感光度

⑨ 白平衡控制按钮

按下此按钮可以设置预设白平衡、色温白平衡及执行自定义白平衡

⑩ Fn1 按钮（功能按钮 1）

此按钮功能可以自定义，在默认设置下，按此按钮可以开启或关闭面部识别功能

⑪ 灯光按钮

按下此按钮后可以点亮副显示屏的照明灯，以方便执行师观看

⑫ VIEW MODE

按此按钮可以选择是用电子取景器显示，还是用液晶显示屏显示，或者自动在取景器和液晶显示屏之间切换显示

⑬ 屈光度调节控制器

若电子取景器中的参数指示显示模糊，可以拉出此控制器，然后旋转此控制器直至电子取景器显示清晰对焦

⑭ 拍摄模式拨盘锁定按钮

按下此按钮可以锁定拍摄模式拨盘，再次按下该按钮可重新解锁拨盘

富士 X-H2s相机
背面结构

❶ **LCD显示屏/触摸屏**

用于显示菜单、回放和浏览照片、显示光圈及快门速度等各项参数设定。另外，屏幕是可触摸控制的，可以通过手指在上面点击、滑动来操作。通过倾斜此显示屏，可以以更灵活的姿势进行拍摄

❷ **删除按钮/驱动模式按钮**

在查看照片时按此按钮，屏幕中将显示一个删除照片操作选择界面，然后按 MENU/OK 按钮即可进入删除照片界面。当拍摄时按下此按钮可以选择单拍、连拍、包围、多重曝光、全景照片、创意滤镜等驱动模式

❸ **播放按钮**

按此按钮可以回放拍摄的照片，转动前指令拨盘或按左、右方向键可以选择照片

❹ **电子取景器（EVF）**

在拍摄时，可以通过观察电子取景器进行取景构图

❺ **眼传感器**

当摄影师（或其他物体）靠近电子取景器后，眼传感器能够自动感应，然后相机会从 LCD 显示屏显示状态自动切换成为电子取景器显示

❻ **对焦棒（对焦杆）**

倾斜对焦棒可以选择对焦点的位置，按下对焦棒则选择中央对焦点，此按钮功能可以自定义

❼ **AF/ON按钮**

默认情况下，按下此按钮可以执行对焦操作，此按钮功能可以自定义

❽ **后指令拨盘**

旋转此拨盘可以选择快门速度和光圈的组合（P模式）、选择快门速度（S、M 模式）；在回放模式下，向右旋转后指令拨盘可放大当前照片，向左旋转则可缩小照片直至以缩略图显示；在设置快速菜单时，旋转此拨盘可更改设置；在对焦区域模式下，旋转此拨盘可以调整对焦框的大小

❶ Q按钮

按此按钮可以进入快速菜单界面，在此界面中使用方向键选择所需项目，然后转动后指令拨盘可以快速修改设置

❷ AEL（曝光锁定）按钮

按下此按钮可以锁定曝光，此按钮功能可以自定义

❸ Fn4（功能按钮4）/上方向键

在默认设置下，按此按钮可以设置测光模式；在选择菜单的过程中，此按钮起到向上选择的作用，此按钮功能可以自定义

❹ Fn6（功能按钮6）/右方向键

在默认设置下，按此按钮可以设置快门类型；在选择菜单的过程中，此按钮起到向右选择的作用，此按钮功能可以自定义

❺ 指示灯

此灯用不同颜色和闪烁的状态来提示相机当前的工作状态。点亮绿色表示对焦锁定；闪烁绿色表示对焦或低速快门警告；闪烁绿色及橙色表示相机开启且正在存储照片，或者在 Wi-Fi 传输期间相机关闭；点亮橙色表示正在存储照片，且无法继续拍摄；闪烁橙色表示闪光灯正在充电；闪烁红色表示镜头或存储卡出现错误

❻ Fn7（功能按钮7）/下方向键

在默认设置下，按此按钮可以启用性能模式；在选择菜单的过程中，此按钮起到向下选择的作用，此按钮功能可以自定义

❼ DISP/BACK 按钮

用于控制电子取景器和 LCD 显示屏中信息的显示，在拍摄状态和回放模式下，多次按此按钮，可依次切换显示不同信息的屏幕；在选择菜单的过程中，按此按钮起到退出或取消的作用

❽ Fn5（功能按钮5）/左方向键

在默认设置下，按此按钮可以显示胶片模拟列表；在选择菜单的过程中，此按钮起到向左选择的作用，此按钮功能可以自定义

❾ MENU/OK按钮

在拍摄状态和回放模式下，按此按钮将显示相应的相机菜单；在选择菜单的过程中，按此按钮起到确定的作用

富士 X-H2s相机
侧面结构

❶ HDMI插孔（A型）

用于插接HDMI连接线，可以将相机与计算机或电视连接起来观看照片或直播

❷ 麦克风插孔

将带有立体声微型插头的外接麦克风插入此孔，便可在拍摄视频时录制立体声

❸ 耳机插孔

将带有立体声微型插头的立体声耳机插入此孔，可以在短片播放期间听到声音

❹ USB 连接插孔（C型）

可以用 1.5m 以内的 USB 连接线插入此接口和计算机 USB 接口，复制照片到计算机上；连接

到打印机 USB 接口，则可以打印照片

❺ 存储卡插槽2

用于安装 SD 存储卡

❻ 存储卡插槽1

用于安装 B 型 CFexpress 存储卡

富士 X-H2s相机
快速菜单

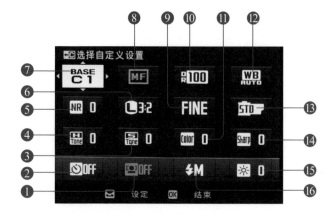

❶ 脸部识别/眼睛识别设置

❷ 自拍

❸ 阴影色调

❹ 高光色调

❺ 高ISO降噪功能

❻ 图像尺寸

❼ 选择自定义设置

❽ 对焦模式

❾ 图像质量

❿ 动态范围

⓫ 色彩

⓬ 白平衡

⓭ 胶片模拟

⓮ 锐度

⓯ EVF/LCD 亮度

⓰ 闪光灯功能设置

富士 X-H2s相机
显示屏信息

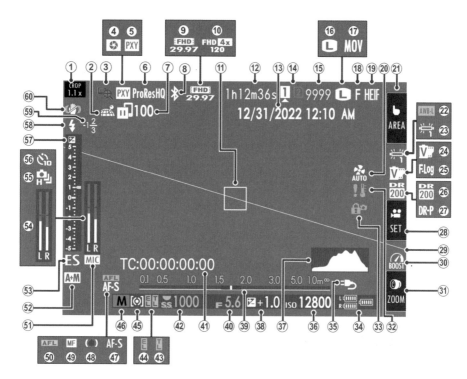

❶ 裁切系数	⑯ 图像尺寸	㉜ 温度警告	㊽ 对焦指示
❷ 位置数据下载状态	⑰ 文件格式	㉝ 控制锁定	㊾ 手动对焦指示
❸ 对焦确认	⑱ 图像质量	㉞ 电池电量	㊿ AF 锁定
❹ 景深预览	⑲ HEIF 格式	㉟ 电源	51 麦克风输入通道
❺ 代理设置	⑳ 散热器设定	㊱ 感光度	52 AF+MF 指示
❻ 视频压缩方式	㉑ 触摸屏模式	㊲ 直方图	53 快门类型
❼ 图像传输状态	㉒ AWB 锁定	㊳ 曝光补偿	54 录制音量
❽ 蓝牙开/关	㉓ 白平衡	㊴ 距离指示	55 连拍模式
❾ 摄像模式	㉔ 胶片模拟	㊵ 光圈	56 自拍指示
❿ 高速录制指示	㉕ F-Log/HLG录制	㊶ 时间信号	57 曝光指示
⓫ 对焦框	㉖ 动态范围	㊷ 快门速度	58 闪光灯（TTL）模式
⓬ 可用录制时间/已用 录制时间	㉗ D-范围优先级	㊸ TTL 锁定	59 闪光灯补偿
⓭ 日期和时间	㉘ 视频优化控制	㊹ AE 锁定	60 防抖模式
⓮ 卡槽选项	㉙ 虚拟水平线	㊺ 测光	
⓯ 可拍摄张数	㉚ 增强模式	㊻ 拍摄模式	
	㉛ 触摸缩放	㊼ 对焦模式	

富士 X-H2s相机
取景器信息

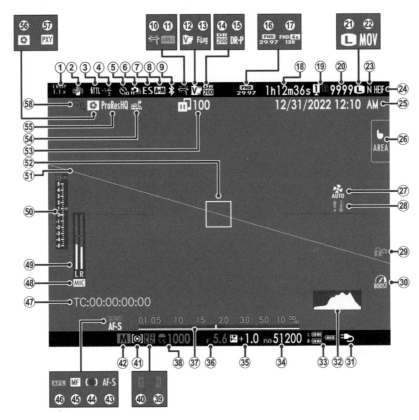

❶ 裁切系数	⓯ D-范围优先级	㉙ 控制锁定	㊸ 对焦模式	㊼ 代理设置
❷ 防抖模式	⓰ 摄像模式	㉚ 增强模式	㊹ 对焦指示	㊽ 对焦确认
❸ 闪光灯模式	⓱ 高速录制指示	㉛ 电源	㊺ 手动对焦指示	
❹ 闪光灯补偿	⓲ 可用/已用录制时间	㉜ 直方图	㊻ AF 锁定	
❺ 自拍指示	⓳ 卡槽选项	㉝ 电池电量	㊼ 时间信号	
❻ 连拍模式	⓴ 可拍摄张数	㉞ 感光度	㊽ 麦克风输入通道	
❼ 快门类型	㉑ 图像尺寸	㉟ 曝光补偿	㊾ 录制音量	
❽ AF+MF 指示	㉒ 文件格式	㊱ 光圈	㊿ 曝光指示	
❾ 蓝牙开/关	㉓ 图像质量	㊲ 距离指示	⓾ 虚拟水平线	
⓾ 白平衡	㉔ HEIF 格式	㊳ 快门速度	⓾ 对焦框	
⓫ AWB 锁定	㉕ 日期和时间	㊴ TTL 锁定	⓾ 图像传输状态	
⓬ 胶片模拟	㉖ 触摸屏模式	㊵ AE 锁定	⓾ 位置数据下载状态	
⓭ F-Log/HLG录制	㉗ 散热器设定	㊶ 测光	⓾ 视频压缩方式	
⓮ 动态范围	㉘ 温度警告	㊷ 拍摄模式	⓾ 景深预览	

第 2 章
初上手一定要学会的
菜单设置

选择显示模式

通过按富士 X-H2s 相机的 VIEW MODE 按钮，用户可以选择是通过电子取景器还是通过 LCD 显示屏拍摄，或者在电子取景器与液晶显示屏之间自动切换。

● 👁眼传感器：选择此模式，当眼睛靠近电子取景器时便可开启电子取景器显示，并且关闭 LCD 显示屏。

● 限 LCD：选择此模式，则开启 LCD 显示屏显示，而关闭电子取景器。

● 限 EVF：选择此模式，仅在电子取景器显示，而关闭 LCD 显示屏。

● 限 EVF+👁：选择此模式，当眼睛靠近电子取景器时便可开启电子取景器显示；而将眼睛移开时则关闭电子取景器显示。LCD 显示屏一直处于关闭状态。

● 👁眼传感器 +LCD 显示：选择此模式，拍摄期间如果将眼睛靠近电子取景器，会开启电子取景器显示；而拍摄后将眼睛从电子取景器移开时，则会使用 LCD 显示屏显示图像。

高手点拨：眼传感器可能会对眼睛以外的其他物体或直接照在传感器上的光线做出反应。当倾斜LCD显示屏时，眼传感器将不起作用。

用 DISP/BACK 按钮切换屏幕信息

不断按 DISP/BACK 按钮可在显示屏中循环显示不同显示状态的拍摄界面，下面展示了 4 种典型的界面。

❶ 标准

❷ 无信息显示

❸ 信息显示

❹ 双重显示（仅限手动对焦模式）

▲ 按 VIEW MODE 按钮可切换显示模式，也可以按下方的操作步骤进行切换

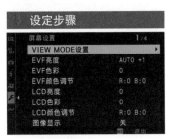

❶ 在**屏幕设置**菜单中选择 **VIEW MODE 设置**选项，按▶方向键

❷ 按▲或▼方向键选择**拍摄**选项，然后按 MENU/OK 按钮确认

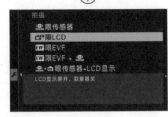

❸ 按▲或▼方向键选择一个选项

改变副显示屏显示模式

无论是拍摄照片还是拍摄视频，摄影师均可以通过富士X-H2s相机顶部的副显示屏查看各类拍摄参数，而且根据需要可以通过下面的菜单，自定义副显示屏显示的参数类型及显示色彩。

设定步骤

❶ 在**屏幕设置**菜单中选择**副显示屏设置**选项，然后按▶方向键

❷ 按▲或▼方向键选择**静态模式**选项，然后按▶方向键

❸ 按▲或▼方向键选择需要更改的参数，然后按▶方向键

❹ 在菜单列表中选择所需显示的新参数选项，按MENU/OK按钮

❺ 上图展示了将胶片模拟参数修改为快门类型后的显示效果

❻ 如果在第2步按▲或▼方向键选择**摄像模式**选项，可以修改拍摄视频时副显示屏中所显示的参数

❼ 要修改副显示屏的色彩，在**屏幕设置**菜单中选择**副显示屏背景颜色**选项，然后按▶方向键

❽ 按▲或▼方向键选择所需颜色选项，然后按▶方向键

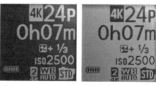

❾ 左侧为黑色显示状态，右侧为白色显示状态

▼ 摄影欣赏

掌握富士 X-H2s 相机的参数设置方法

了解菜单结构

富士 X-H2s 相机的菜单功能非常丰富，熟练掌握与菜单相关的操作可以帮助我们更加快速、准确地进行设置。

菜单左侧有 8 个图标，从上到下依次为图像质量设置菜单 **IQ**、AF/MF 设置菜单 **AF**、拍摄设置菜单 **◯**、闪光设置菜单 **⚡**、视频设置菜单 **▣**、网络/USB 设定菜单 **⤳**、设置菜单 **🔧** 以及我的菜单 **MY**。

操作时按▲或▼方向键可在各个菜单设置页之间进行切换，当切换至视频拍摄模式时，将显示视频菜单。

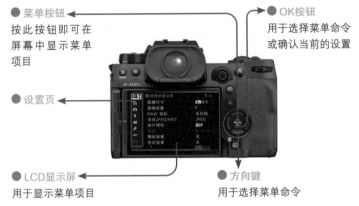

● 菜单按钮
按此按钮即可在屏幕中显示菜单项目

● OK按钮
用于选择菜单命令或确认当前的设置

● 设置页

● LCD显示屏
用于显示菜单项目

● 方向键
用于选择菜单命令

富士 X-H2s 相机菜单设置方法

下面以设置自动旋转显示屏为例，介绍设置菜单的操作步骤。

高手点拨：在拍摄状态下，按 MENU/OK 按钮并不会显示播放菜单。需要先切换到回放模式，按 MENU/OK 按钮才会显示播放菜单。

设定步骤

❶ 开启相机进入拍摄待机界面，按 MENU/OK 按钮

❷ 进入相机菜单选择界面，按◀方向键切换至左侧的菜单设置页，然后按▲或▼方向键选择要设置的菜单

❸ 在左侧选择好后，按▶方向键进入其子菜单，然后按▲或▼方向键选择**屏幕设置**选项并按▶方向键

❹ 按▲或▼方向键选择**自动旋转显示屏**选项，然后按▶方向键

❺ 按▲或▼方向键选择一个选项，然后按 MENU/OK 按钮确认

用 Q 按钮快速设置拍摄参数

认识相机的 Q 按钮

在使用富士 X-H2s 相机拍摄时，可以通过按机身背面的 Q 按钮显示快速菜单，从而选择一些常用的参数选项，如降噪功能、图像质量、图像尺寸、自拍等。

▲ 按 Q 按钮开启快速菜单后的 LCD 显示屏显示状态

使用快速菜单设置参数的方法

使用快速菜单设置参数的方法如下：

❶ 在相机开启的情况下，按机身背面的 Q 按钮显示快速菜单。

❷ 按▲、▼、◄、►方向键选择要设置的项目，然后转动后指令拨盘更改数值。

❸ 参数设置完毕后，半按快门按钮退出快速菜单界面。

❶ 选择要修改的参数

改变 Q 按钮快速菜单显示状态

根据需要可以使用下面的菜单改变按下 Q 按钮后显示的快速菜单，选择"透明"时可以看到被拍摄场景，选择"黑色"时快速菜单背景为纯黑色，更利于观看并设置拍摄参数。

❷ 转动后指令拨盘修改选项

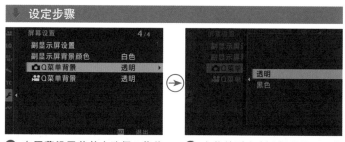

❶ 在**屏幕设置**菜单中选择**Q菜单背景**选项，然后按►方向键

❷ 在菜单列表中选择所需显示的新参数，按MENU/OK按钮

❸ 选择**透明**选项的显示状态

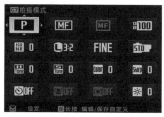

❹ 选择**黑色**选项的显示状态

设置相机显示参数

设置液晶屏的亮度级别

　　富士 X-H2s 相机 LCD 显示屏的亮度是可调的，当在过亮或过暗的环境中拍摄时，人们可能会感觉液晶显示屏显示的正常亮度不足或者过亮，此时可以利用"LCD 亮度"菜单进行调整。

　　另外，当电池电量不足时，通过降低屏幕亮度可以有效节省电量，以拍摄更多照片。

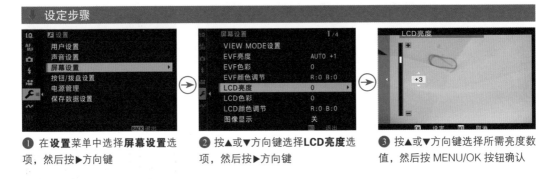

❶ 在**设置**菜单中选择**屏幕设置**选项，然后按▶方向键

❷ 按▲或▼方向键选择**LCD亮度**选项，然后按▶方向键

❸ 按▲或▼方向键选择所需亮度数值，然后按 MENU/OK 按钮确认

高手点拨：在不同的屏幕亮度下，同一张照片在显示屏上所表现出的亮度将会有较大差异。而同一张照片只会有一个柱状图，所以利用柱状图来判断照片曝光情况是最准确的方法。相机的电子取景器同样可以调整显示亮度，通过"EVF亮度"菜单可以自动或手动调整显示亮度。

自动旋转显示屏

　　"自动旋转显示屏"菜单用于控制当摄影师进行竖拍时，电子取景器和 LCD 显示屏中的拍摄指示图标是否根据相机的方向自动旋转。建议始终保持选择"开"选项。

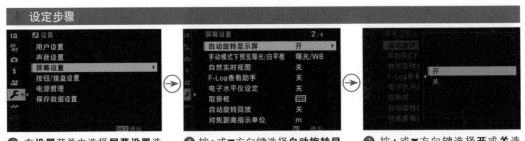

❶ 在**设置**菜单中选择**屏幕设置**选项，然后按▶方向键

❷ 按▲或▼方向键选择**自动旋转显示屏**选项，然后按▶方向键

❸ 按▲或▼方向键选择**开**或**关**选项，然后按 MENU/OK 按钮确认

电源管理

在"电源管理"菜单中可以设置相机自动关机的时间,以及改善自动对焦速度和取景器显示性能。

自动关机

在"自动关机"菜单中设置后,如果不操作相机,那么相机将会在设定的时间内自动关闭电源,从而节约电池的电量。

- 30秒/15秒/1分/2分/5分:选择这些选项,相机在无操作状态下将会在选择的时间内关闭电源。
- 关:选择此选项,则必须由摄影师手动关机。

设定步骤

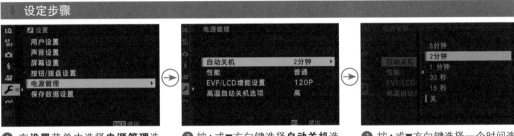

① 在**设置**菜单中选择**电源管理**选项,然后按▶方向键

② 按▲或▼方向键选择**自动关机**选项,然后按▶方向键

③ 按▲或▼方向键选择一个时间选项,然后按 MENU/OK 按钮确认

性能

"性能"菜单用于设置相机自动对焦时的对焦速度和取景器画面的帧速率。

- 增强:选择此选项,会增强相机对焦和取景器显示性能,电池的耗电速度比选择"普通"时快。
- 普通:选择此选项,相机为对焦、取景器显示性能和电池持久力选择标准性能。
- 节能:选择此选项,相机会限制自动对焦和取景器性能,以提供比"普通"模式更长的电池续航时长。

设定步骤

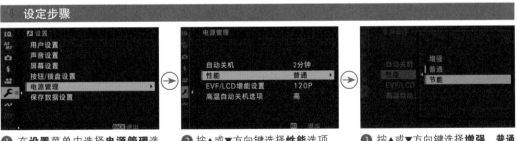

① 在**设置**菜单中选择**电源管理**选项,然后按▶方向键

② 按▲或▼方向键选择**性能**选项,然后按▶方向键

③ 按▲或▼方向键选择**增强**、**普通**或**节能**选项,然后按 MENU/OK 按钮确认

利用网格轻松构图

富士 X-H2s 相机的"取景框"功能可以为摄影师进行精确构图提供极大便利,此菜单包含"显示9格""显示24格""HD 构图"3个选项。

例如,在拍摄过程中要想采用黄金分割法构图,可以选择"显示9格"选项来辅助构图。

设定步骤

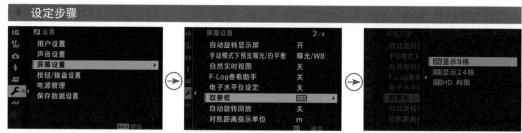

❶ 在**设置菜单**中选择**屏幕设置**选项,然后按▶方向键

❷ 按▲或▼方向键选择**取景框**选项,然后按▶方向键

❸ 按▲或▼方向键选择一个选项,然后按 MENU/OK 按钮确认

● 显示9格:选择此选项,画面会被分成三等份,呈井字形。在使用时,只需将被摄主体安排在任意一条网格线附近,即可形成三分法构图。

● 显示24格:选择此选项,画面中会显示6×4网格线,在拍摄时更容易确认构图的水平程度。例如,在拍摄风光、建筑等线条较多的题材时,较多的网格线可以辅助摄影者更加快速、规范地构图。

● HD 构图:选择此选项,屏幕顶部和底部各显示一根线条,摄影师可以依据这两根线进行构图,确保重要的图像信息在两根线之间。

高手点拨:如果屏幕中未显示网格线,需要在"设置"菜单的"屏幕设置"中选择"显示自定义设置"菜单选项,并从其子菜单中选择"取景框"选项。

图像显示

要在拍摄后立即查看拍摄结果,可在"图像显示"菜单中设置拍摄后 LCD 显示屏显示照片的时间长度。

● 关:选择此选项,拍摄完成后相机不自动显示照片。

● 连续:选择此选项,相机会在拍摄完成后保持照片的显示状态,直至按 MENU/OK 按钮或半按快门按钮。在显示照片期间按下后指令拨盘的中央可放大显示当前对焦点,再按一次则取消放大显示。

● 1.5 秒 /0.5 秒:选择不同的选项,可以控制相机显示照片的不同时长。

设定步骤

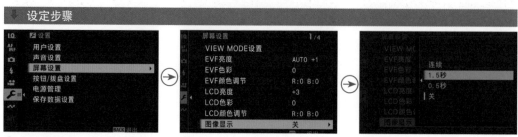

❶ 在**设置菜单**中选择**屏幕设置**选项,然后按▶方向键

❷ 按▲或▼方向键选择**图像显示**选项,然后按▶方向键

❸ 按▲或▼方向键选择一个选项,然后按 MENU/OK 按钮确认

自动旋转回放省去后期操作

当使用相机竖拍时，可以使用"自动旋转回放"功能将显示的照片旋转到垂直方向。

● 开：选择此选项，回放照片时，竖拍图像会在 LCD 显示屏上自动旋转。

● 关：选择此选项，照片不会自动旋转。

设定步骤

❶ 在**设置**菜单中选择**屏幕设置**选项，然后按▶方向键

❷ 按▲或▼方向键选择**自动旋转回放**选项，然后按▶方向键

❸ 按▲或▼方向键选择一个选项，然后按 MENU/OK 按钮确认

显示自定义设置

在拍摄状态下，按 DISP/BACK 按钮可在取景器和 LCD 显示屏中显示拍摄信息。

在默认情况下，相机显示的拍摄信息有可能并不符合摄影师的需求，这时可以通过调整"显示自定义设置"菜单选项，来自定义希望显示的拍摄信息。

例如，可以根据需要设置显示直方图、手动对焦距离指示、胶片模拟等多种拍摄信息。在拍摄时，用户通过浏览这些拍摄信息，可以快速判断是否需要调整拍摄参数。

高手点拨：如果希望在显示屏中显示某些选项，或者希望取消显示屏显示的某些图标，要首先想到改变"显示自定义设置"菜单选项。

设定步骤

 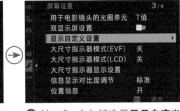

❶ 在**设置**菜单中选择**屏幕设置**选项，然后按▶方向键

❷ 按▲或▼方向键选择**显示自定义设置**选项，然后按▶方向键

 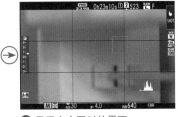

❸ 按▲或▼方向键选择要显示的项目选项，然后按 MENU/OK 按钮勾选，选择完成后，按 DISP/BACK 按钮保存并退出

❹ 显示直方图时的界面

设置相机控制参数

无卡拍摄

利用"无卡拍摄"菜单可防止未安装储存卡而进行拍摄的情况出现,这种情况看似荒唐,但其实并不少见,因此建议一直保持选择 OFF 选项。

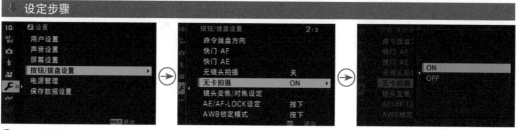

设定步骤

❶ 在**设置**菜单中选择**按钮/拨盘设置**选项,然后按▶方向键

❷ 按▲或▼方向键选择**无卡拍摄**选项,然后按▶方向键

❸ 按▲或▼方向键选择一个选项,然后按 MENU/OK 按钮确认

● ON:选择此选项,相机未安装储存卡时仍然可以按下快门,但照片无法被存储。

● OFF:选择此选项,如果未安装储存卡时按下快门,则快门按钮无法被按下。

高手点拨:为了避免操作失误而导致错失拍摄良机,建议将该选项设置为"OFF"。

重设所有

利用"重设所有"菜单可以一次性将指定的菜单设置恢复到默认值。

● 静态菜单 / 视频菜单重置:可将使用"编辑 / 保存自定义设置"所创建的自定义白平衡和自定义设置库以外的所有照片 / 视频菜单设置重置为默认值。

● 设置重置:将除"日期时间""区域设定""时差""版权信息"以外的所有设置菜单设定重设为默认值。

● 初始化:将自定义白平衡以外的所有设定重设为默认值。

设定步骤

❶ 在**设置**菜单中选择**用户设置**选项,然后按▶方向键

❷ 按▲或▼方向键选择**重设所有**选项,然后按▶方向键

❸ 按▲或▼方向键选择要重调的菜单类型

注册快速菜单项目

可以通过"编辑/保存快捷菜单"菜单命令自定义快速菜单中显示的拍摄参数数量及内容，通过将自己在拍摄时常用的拍摄参数注册到快速菜单中，可以在拍摄时快速改变这些参数。

设定步骤

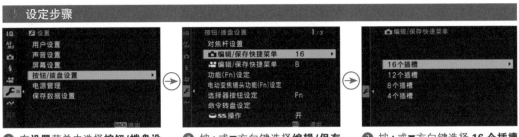

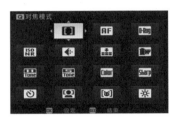

❶ 在**设置**菜单中选择**按钮/拨盘设置**选项，然后按▶方向键

❷ 按▲或▼方向键选择**编辑/保存快捷菜单**选项，然后按▶方向键

❸ 按▲或▼方向键选择**16 个插槽**选项，然后按▶方向键

❹ 按▲、▼、◀、▶方向键选择要更换项目的位置，然后按 MENU/OK 按钮

❺ 按▲或▼方向键选择一个选项，然后按 MENU/OK 按钮确认

❻ 将所选的选项成功注册到目标位置

高手点拨： "🎥编辑/保存快捷菜单"菜单的使用方法与"📷编辑/保存快捷菜单"菜单是完全一样的，只是后者用于修改拍摄照片时按Q显示的快捷菜单，前者应用于拍摄视频的状态。

将常用的功能注册到快捷菜单，在以后拍摄时调整功能便能省事一些。『焦距：50mm『光圈：F8『快门速度：1.8s『感光度：ISO200』

自定义控制按钮

富士 X-H2s 相机可以根据个人的操作习惯或临时的拍摄需求，为 Fn1~Fn6 功能按钮、AE-L 按钮、后指令拨盘的中央按钮指定不同的功能。

例如，对于 Fn1 按钮，如果当前注册的功能为对焦确认，那么在拍摄中按下 Fn1 按钮，则可以放大显示画面以便进行对焦确认。

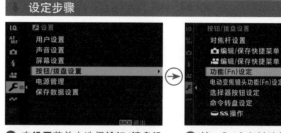

❶ 在**设置**菜单中选择**按钮/拨盘设置**选项，然后按▶方向键

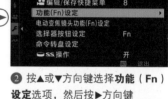

❷ 按▲或▼方向键选择**功能（Fn）设定**选项，然后按▶方向键

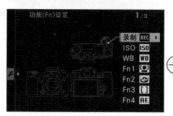

❸ 按▲或▼方向键选择一个按钮选项，然后按▶方向键

❹ 按▲或▼方向键选择一个选项，然后按 MENU/OK 按钮确认

自定义屏幕扫控操作

屏幕扫控操作是指在拍摄时，手指在屏幕上分别向上、下、左、右快速轻拨，触发的相应的相机功能。

在默认情况下，向上轻拨，可在屏幕上显示直方图；向下轻拨，可激活景深预览功能；向右轻拨，可显示大尺寸图标；向下轻拨，可显示斑纹设置。

但这些默认功能，也可以按右侧展示的步骤修改。

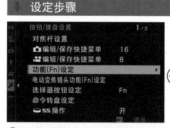

❶ 选择**功能（Fn）设定**选项，然后按▶方向键

❷ 按▲或▼方向键选择**T-Fn1~T-Fn4**选项，然后按▶方向键

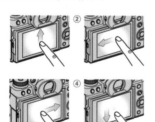

▲ 屏幕扫控示范

❸ 按▲或▼方向键，即可分别为 **T-Fn1~T-Fn4** 选择要定义的功能

❹ 实际拍摄时用手指在屏幕上轻拨，即可调出相对应的选项

让相机有丰富的触摸功能

富士 X-H2s 相机的 LCD 显示屏支持触摸操作，用户可以触摸屏幕来进行拍摄照片、回放照片等操作。

在"触摸屏设置"菜单中，用户可以设置是否启用双击触摸、触摸功能、回放触摸等，以及使用电子取景器期间用于触控控制的 LCD 显示屏区域。

设定步骤

❶ 在**设置**菜单中选择**按钮 / 拨盘设置**选项，然后按▶方向键

❷ 按▲或▼方向键选择**触摸屏设置**选项，然后按▶方向键

❸ 按▲或▼方向键选择✿**触摸屏设置**选项，然后按▶方向键

❹ 按▲或▼方向键选择**开**或**关**触摸屏选项，然后按 MENU/OK 按钮确认

❺ 若在步骤❸中选择了✿**双击设置**选项，在此选择**开**选项，则在拍摄过程中，双击 LCD 显示屏可放大拍摄对象，此时旋转后拨盘，可以继续放大屏幕，以进行仔细观察

❻ 若要实现上一节讲述的"屏幕扫控操作"，则要在步骤❸中选择**T-Fn触摸功能**选项，并选择**开**选项

❼ 如果使用的镜头支持触摸变焦功能，则可在步骤❸中选择**触摸变焦**选项，在此选择**开**选项，拍摄时，即可通过在屏幕上点击右下角的 ZOOM、T、W 图标来控制镜头进行变焦操作

❽ 若在步骤❸中选择了▶**触摸屏设置**选项，在此可以选择**开**选项，以便于回放照片时使用触摸操作

❾ 若在步骤❸中选择了 **EVF 触摸屏区域设置**选项，在此可以选择一个触摸控制区域选项，以便于在使用取景器观察被拍摄对象时，通过触摸在此定义的屏幕进行对焦

使用触摸对焦功能

在"设置"菜单中选择"按钮/拨盘设置"选项，并开启"触摸屏设置"功能后，可以通过右侧的设置操作激活相机的触摸对焦操作功能。

❶ 在 **AF/MF 设置**菜单中选择**触摸屏模式**选项，然后按▶方向键

❷ 按▲或▼方向键选择一个选项，然后按 MENU/OK 按钮确认

选项	静态摄影	录制视频
触控拍摄	轻触屏幕中的拍摄对象便可对焦并释放快门拍摄。在连拍模式下，按住屏幕期间将连续拍摄照片。	轻触屏幕中的被拍摄对象即可对焦并开始录制。
AF	在 AF-S对焦模式下，轻触屏幕中的被拍摄对象时相机将进行对焦，对焦成功后会锁定，直至轻触 AF OFF图标。 在AF-C对焦模式下，轻触被拍摄对象时相机会启动对焦，然后持续追踪对焦被拍摄对象，直至轻触 AF OFF 图标。 在手动对焦模式（MF）下，可轻触屏幕对焦于所选拍摄的对象。	轻触屏幕可使相机对焦于所选点。 在AF-S对焦模式下，可随时轻触屏幕中的被拍摄对象重新进行对焦。 在AF-C对焦模式下，相机将根据与所选点中被拍摄对象之间距离的变化持续调整对焦。 在MF手动对焦模式下，轻触屏幕时，相机将使用自动对焦进行对焦；在录制过程中，可再次轻触屏幕将对焦区域移至新的位置。
区域	轻触可选择一个对焦点进行对焦或变焦。	轻触可定位对焦区域。 在AF-S对焦模式下，可随时轻触屏幕中的被拍摄对象重新定位对焦区域。若要进行对焦，需按下被指定AF-ON功能的按钮。 在AF-C对焦模式下，相机将根据与通过轻触屏幕所选点中的被拍摄对象之间距离的变化持续调整对焦。 在MF手动对焦模式下，可轻触屏幕将对焦区域置于被拍摄对象上。
关闭	将禁用触控对焦和拍摄。	将禁用触控对焦和拍摄。

设置影像存储参数

根据照片的用途设置画质

在拍摄过程中，根据照片的用途及后期处理要求，可以通过"图像质量"菜单设置照片的保存格式与品质。如果用于专业用途或希望为后期调整留出较大的空间，则应采用 RAW 格式；如果只是日常记录或要求不太严格的拍摄，使用 JPEG 格式即可。

采用 JPEG 格式拍摄的优点是文件占用空间小、通用性高，适用于网络发布、家庭照片洗印等，而且可以使用多种软件对其进行编辑处理。虽然压缩率较高，损失了较多的细节，但肉眼基本看不出来，因此是一种最常用的文件存储格式。

RAW 格式则是一种数码相机专属格式，它充分记录了拍摄时的各种原始数据，因此具有极大的后期调整空间，但必须使用专用的软件进行处理，如 Photoshop、Lightroom 等，经过后期转换格式后才能够输出照片，因而在专业摄影领域常使用此格式进行拍摄。其缺点是文件容量大，在连拍时会降低连拍数量。

在"图像质量"菜单中包括"FINE""NORMAL""FINE+RAW""NORMAL+RAW""RAW"等选项。虽然菜单中列出了 5 个选项，但实际上只是两种照片存储格式的组合，即 JPEG 与 RAW。

● FINE（精细）：选择此选项，以 JPEG 格式压缩图像。一般情况下，建议选择"精细"选项，不仅可以提供更好的图像质量，对于简单、没有高要求的后期处理也是有良好表现的。

● NORMAL（标准）：选择此选项，以 JPEG 格式压缩图像。以比"精细"更高的压缩率压缩文件，这样可以在一张存储卡上记录更多的文件，但是图像质量会略有降低，在进行高速连拍（如体育摄影）或需大量拍摄（旅游纪念、纪实摄影）时，"标准"格式是最佳之选。

● FINE+RAW：选择此选项，同时创建 RAW 格式和 JPEG 格式精细质量的照片，兼备 RAW 格式与 JPEG 格式两者的优点，JPEG 格式的照片方便浏览，RAW 格式的照片用于后期编辑。

● NORMAL+RAW：选择此选项，将记录两张照片，即一张 RAW 格式的照片和一张标准品质的 JPEG 格式的照片。

● RAW：选择此选项，将使用 RAW 格式记录照片，此格式记录的是照片的原始数据，因此后期调整空间极大。

❶ 在**图像质量设置**菜单中选择**图像质量**选项，然后按▶方向键

❷ 按▲或▼方向键选择一个选项，然后按 MENU/OK 按钮确认

高手点拨：如果 Photoshop 软件无法打开使用富士 X-H2s 相机拍摄并保存的扩展名为 .RAF 的 RAW 格式的文件，则需要升级 Adobe CameraRaw 免费插件。该插件会根据新发布的相机型号，及时地推出更新升级包，以确保能够打开使用各种相机拍摄的 RAW 格式的文件。

▲ 小图是使用 RAW 格式拍摄的原图，大图是经过后期调整的效果，可以看出两者的差别非常明显，大幅度无损修改颜色，正是 RAW 格式的优点之一。『焦距：200mm ┊ 光圈：F5.6 ┊ 快门速度：1/640s ┊ 感光度：ISO200』

Q：什么是 RAW 格式文件？

A：简单地说，RAW 格式就是一种数码照片文件格式，包含数码相机传感器中未处理的图像数据，相机不会处理来自传感器的色彩分离的原始数据，仅将这些数据保存在存储卡上，这意味着相机将（所看到的）全部信息都保存在图像文件中。采用 RAW 格式拍摄时，数码相机仅保存 RAW 格式图像和 EXIF 信息（相机型号、所使用的镜头，以及焦距、光圈、快门速度等），摄影师设定的相机预设值（例如对比度、饱和度、清晰度和色调等）都不会影响所记录的图像数据。

Q：使用 RAW 格式拍摄的优点有哪些？

A：使用 RAW 格式拍摄的优点如下：

● 可将相机中许多照片的后期工作转移到计算机上进行，从而进行更细致的处理，包括白平衡调节，高光区、阴影区和低光区调节，以及清晰度、饱和度控制等。对于非 RAW 格式的文件，由于在相机内处理图像时，已经应用了白平衡设置，想要无损改变是不可能的。

● 可以使用最原始的图像数据（直接来自于传感器），而不是经过处理的信息，这毫无疑问将获得更好的效果。

● 可利用 14 位图片文件进行高位编辑，这意味着具有更多的色调，可使用的数据更多，可以使最终的照片获得更平滑的色彩梯度和色调过渡。

Q：后期处理能够调整照片高光中极白或阴影中极黑的区域吗？

A：虽然以 RAW 格式存储的照片，可以在后期软件中对超过标准曝光 ±2 挡的画面进行有效修复，但是对于照片中高光处所出现的极白区域或阴影处所出现的极黑区域，即使在最好的后期软件中也无法恢复其中的细节，因此在拍摄时要尽可能地确定好画面的曝光量，或者通过调整构图，使画面中避免出现极白或极黑的区域。

根据用途及存储空间设置图像尺寸

图像尺寸直接影响着最终输出照片的大小，通常情况下，只要存储卡空间足够，就建议使用较大的尺寸来保存照片。

从最终用途来看，如果照片用于印刷、洗印，推荐使用大尺寸记录；如果只是用于网络发布、简单的记录或存储卡空间不足，则可以根据情况选择较小的照片尺寸。

照片的纵横比与构图的关系密切，不同的纵横比会给画面带来不同的视觉感受，灵活使用纵横比可以使构图更完美。例如，在拍摄广角镜头的风光时，使用 16∶9 拍摄的照片明显要比使用 3∶2 拍摄的照片显得更宽广或更深邃。

纵横比为 3∶2 的照片，其显示比例与 35 mm 胶片画面相同，而纵横比为 16∶9 的照片则适合在宽屏计算机显示器或高清电视上查看，纵横比为 1∶1 的照片则是方形的。

使用更高效的 HEIF 格式保存照片

HEIF 格式是高效率图像文件格式（High Efficiency Image File Format）的英文缩写，它不仅可以存储静态照片和 EXIF 信息元数据等，还可以存储动画、图像序列甚至视频、音频等，而 HEIF 的静态照片格式特指以 HEVC 编码器进行压缩的图像数据和文件。

HEIF 格式的图像具有以下几个优点。

- 以超高比压缩文件的同时具有高画质。
- 更优质的画质：HEIF 图像支持高达 10 位色深，而且和 HDR 图像、广色域等新技术的应用能更好地无缝配合，记录和显示更明亮、更鲜艳生动的照片和视频。
- 内容灵活：HEIF 是一种封装格式，因此能保存的信息要远远比 JPEG 丰富。

高手点拨：HEIF 图像无法直接使用 Windows 系统预览，因此可以在相机中播放HEIF照片时，按MENU/OK按钮，选择"HEIF到JPEG/TIFF的转换"菜单，将其转换成 JPEG 格式。

❶ 在**图像质量设置**菜单中选择**图像尺寸**选项，然后按▶方向键

❷ 按▲或▼方向键选择一个选项，然后按 MENU/OK 按钮确认

❶ 在**图像质量设置**菜单中选择**选择 JPEG/HEIF**选项，然后按▶方向键

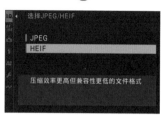

❷ 按▲或▼方向键选择**HEIF**选项

◀ 选择"HEIF 到 JPEG/TIFF 的转换"菜单，将 HEIF 转换成 JPEG 格式

运动取景模式

虽然富士 X-H2s 是 APS-C 画幅的相机，但它还具有裁切取景功能。

在"运动取景器模式"菜单中选择"开"选项，可以使富士 X-H2s 相机仅使用传感器的中间部分进行拍摄，从而以图像裁剪的形式拍摄更远处的对象。

高手点拨： 启用此功能后，照片的图像尺寸将固定为M尺寸，并且在电子快门下不可用。

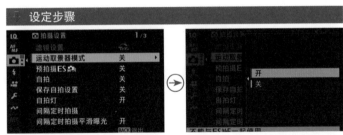

❶ 在**拍摄设置**菜单中选择**运动取景器模式**选项，然后按▶方向键

❷ 按▲或▼方向键选择**开**或**关**选项，然后按 MENU/OK 按钮确认

● 开：选择此选项，相机使用 1.25× 对画面进行裁切，从而以相当于增加镜头焦距至 1.25 倍的量减小照片视角，裁切区域会在屏幕中以方框显示。

● 关：选择此选项，禁用裁切功能。

▲ 使用长焦镜头和运动取景器模式可以拍摄到更远处的天鹅，得到了主体更为突出的画面。『焦距：300mm ¦ 光圈：F5.6 ¦ 快门速度：1/640s ¦ 感光度：ISO500 』

设置第二卡槽中存储卡的作用

当在第二插槽中插入存储卡时,利用"📷卡槽设置"菜单可以选择第二插槽中存储卡的功能。

● 依次:选择此选项,仅当第一插槽中的存储卡已满时才会使用第二插槽中的存储卡。

● 备份:选择此选项,所拍摄的每张照片会在每张存储卡中各保存一份。

● RAW／JPEG:当"图像质量设置"中的"图像质量"选项选为"FINE+RAW"或"NORMAL+RAW"时,将RAW格式的照片保存至第一插槽的存储卡中,将JPEG格式或HEIF格式的照片保存至第二插槽的存储卡中。

设定步骤

  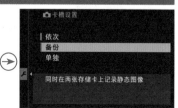

❶ 在**设置**菜单中选择**保存数据设置**选项,然后按▶方向键

❷ 按▲或▼方向键选择**卡槽设置**选项,然后按▶方向键

❸ 按▲或▼方向键选择一个选项,然后按 MENU/OK 按钮确认

选择优先存储的卡槽

当在"📷卡槽设置"菜单中选择"依次"选项时,通过此菜单可以设定拍摄照片时优先使用的存储卡。

设定步骤

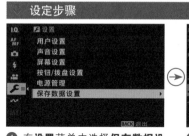  

❶ 在**设置**菜单中选择**保存数据设置**选项,然后按▶方向键

❷ 按▲或▼方向键选择**选择卡槽(📷顺序)**选项,然后按▶方向键

❸ 按▲或▼方向键选择一个选项,然后按 MENU/OK 按钮确认

格式化存储卡

"格式化"功能用于删除储存卡内的全部数据。一般在新购买储存卡后,应在正式拍摄前对其进行格式化。格式化存储卡会将保护的照片也一并删除,因此在操作前要特别注意。

设定步骤

❶ 在**设置**菜单中选择**用户设置**选项,然后按▶方向键

❷ 按▲或▼方向键选择**格式化**选项并按▶方向键,选择要格式化的卡槽,然后按MENU/OK按钮确认

随拍随赏：拍摄后查看照片

回放照片的基本操作

在回放照片时，可以对照片执行放大、缩小、显示信息、前翻、后翻及删除等多种操作，下面通过图示来说明基本的操作方法。

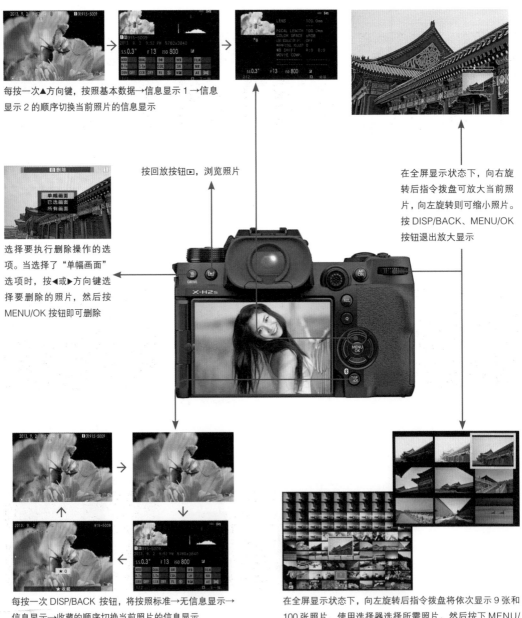

每按一次▲方向键，按照基本数据→信息显示 1→信息显示 2 的顺序切换当前照片的信息显示

按回放按钮▶，浏览照片

在全屏显示状态下，向右旋转后指令拨盘可放大当前照片，向左旋转则可缩小照片。按 DISP/BACK、MENU/OK 按钮退出放大显示

选择要执行删除操作的选项。当选择了"单幅画面"选项时，按◀或▶方向键选择要删除的照片，然后按 MENU/OK 按钮即可删除

每按一次 DISP/BACK 按钮，将按照标准→无信息显示→信息显示→收藏的顺序切换当前照片的信息显示

在全屏显示状态下，向左旋转后指令拨盘将依次显示 9 张和 100 张照片，使用选择器选择所需照片，然后按下 MENU/OK 按钮可全屏查看所选择的照片

播放照片时裁剪照片

富士 X-H2s 相机提供了十分方便的机内裁剪功能，使摄影师可以在相机中直接裁剪出所需要的画面。在回放照片时，选择需要裁剪的照片，然后按 MENU/OK 按钮，选择"播放菜单"中的"裁剪"功能。

设定步骤

 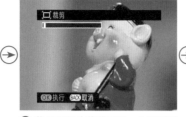 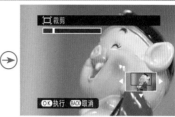

❶ 播放照片时，按MENU/OK 按钮，在**播放菜单**中选择**裁剪**选项，然后按▶方向键

❷ 将显示照片裁剪画面，此时可以转动后指令拨盘进行放大或缩小

❸ 放大到所需尺寸时，可以根据导航窗口，通过按▲、▼、◀、▶方向键滚动照片，直到显示所需部分，然后按MENU/OK按钮

 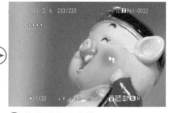

❹ 再次按 MENU/OK 按钮确认是否记录照片副本

❺ 裁剪后的照片效果

高手点拨：裁剪所包含的区域越大，则副本文件尺寸越大，裁剪后副本照片的纵横比均为 3：2。

播放照片时保护照片

使用"保护"功能可以将存储卡中重要的照片保护起来，防止其被意外删除。

被选中保护的照片会显示钥匙图标，表示该照片已被保护。

高手点拨：如果格式化存储卡，那么即使照片被保护，也会被删除。

设定步骤

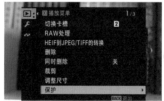 

❶ 在**播放**菜单中选择**保护**选项，然后按▶方向键

❷ 按▲或▼方向键选择**画面 设定/解除**选项，然后按MENU/OK按钮

❸ 按◀或▶方向键选择要保护的图像，然后按MENU/OK确认

❹ 受保护的照片会在照片上会显示钥匙图标

对 RAW 照片进行处理

富士 X-H2s 相机具有机内处理 RAW 格式照片功能，通过选择"RAW 处理"菜单选项，摄影师可以调整 RAW 照片的曝光补偿、白平衡、画质、色彩等参数。

● 反映拍摄条件：选择此选项，不做任何调整，以拍摄时相机的参数创建 JPEG 副本。

● 图像尺寸：选择此选项，可以根据需求选择一个图像尺寸。

● 图像质量：选择此选项，可以根据需求选择一个图像质量。

● 增感／减感处理：选择此选项，可以以 1/3 EV 为步长，在 –1 EV 至 +3 EV 之间调整画面的曝光。

● 动态范围：选择此选项，可以增强高光区域中的细节，以获取自然对比度。

● D 范围优先级：选择此选项，可以减少高对比度照片中的高光和阴影的细节丢失，从而获得自然的效果。

● 胶片模拟：选择此选项，可以选择模拟使用不同类型胶片拍摄的效果。

● 黑白：选择此选项，可以在黑白效果的照片中添加一份暖色或冷色氛围。

● 颗粒效果：选择此选项，可为照片添加胶片灰度效果。

● 色彩效果：选择此选项，可加深照片中阴影的色彩。

设定步骤

❶ 在**播放**菜单中选择**RAW处理**选项，然后按▶方向键

❷ 按▲或▼方向键选择一个选项，然后按▶方向键（此处以选择**胶片模拟**选项为例）

❸ 按▲或▼方向键选择所需设置，然后按MENU/OK按钮确认并返回设定列表（可根据要求修改其他选项）

❹ 所有修改完成后按 Q 按钮将创建照片副本预览，确认效果后按 MENU/OK 按钮保存

● 彩色 FX 蓝色：选择此选项，可增加用于渲染蓝色的色调范围。

● 白平衡：选择此选项，可以为照片重新选择白平衡模式。

● 白平衡偏移：选择此选项，可以微调白平衡，以轻微改变照片色调。

● 色调曲线：选择此选项，可以改善画面的高光部分、阴影区域。

● 色彩：选择此选项，可以调整画面的色彩浓度。

● 锐度：选择此选项，可以锐化或柔化画面轮廓。

● 高 ISO 降噪功能：选择此选项，可以减少高感产生的噪点。

● 镜头调整优化器：选择此选项，可以对画面调整衍射和镜头边缘的轻微失焦带来的画质下降，以提高清晰度。

● 色彩空间：选择此选项，可以选择不同的色彩空间。

● HDR 模式：选择此选项，可以减少高光和阴影中细节的丢失。

高手点拨：如果要改变拍摄时选择的"胶片模拟"选项，可以在此操作，不建议在Photoshop等第三方软件中操作，因为这些软件仅能实现对胶片效果的模拟，无法真正实现切换"胶片模拟"选项的效果。

第 3 章

必须掌握的基本曝光
设置

设置光圈控制曝光与景深

光圈的结构

光圈是相机镜头内部的一个组件，它由许多金属薄片组成。金属薄片不是固定的，通过改变它的开启程度可以控制进入镜头光线的多少。光圈开启得越大，通光量就越多；光圈开启得越小，通光量就越少。摄影师可以仔细对着镜头观察在选择不同光圈时叶片大小的变化。

高手点拨：虽然光圈数值是在相机上设置的，但其可调整的范围却是由镜头决定的，即镜头支持的最大及最小光圈就是在相机上可以设置的上限和下限。镜头可支持的光圈越大，则相机在同一时间内就可以吸收更多的光线，从而允许我们在更暗的环境中进行拍摄。当然，光圈越大的镜头，其价格也越高。

▲ 通过镜头的底部可以看到镜头内部的光圈金属薄片。

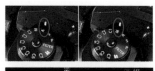

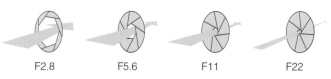

| F2.8 | F5.6 | F11 | F22 |

▲ 光圈是控制相机通光量的装置，光圈越大（F2.8），通光量越多；光圈越小（F22），通光量越少。

▶ 设定方法

选择 A 挡光圈优先或 M 挡全手动曝光模式。在使用 A 挡光圈优先和 M 挡全手动曝光模式拍摄时，转动镜头光圈环来调整光圈大小。

▲ XF 16-55mmF2.8 R LM WR

▲ XF 56mmF1.2 R APD

▲ XF 55-200mm F3.5-4.8 R LM OIS

上面展示的 3 款镜头中，富士龙 XF 56mmF1.2 R APD 是定焦镜头，其最大光圈为 F1.2；富士龙 XF 16-55mmF2.8 R LM WR 为恒定光圈的变焦镜头，无论使用哪一个焦段进行拍摄，其最大光圈都能够达到 F2.8；富士龙 XF 55-200mmF3.5-4.8 R LM OIS 是浮动光圈的变焦镜头，当使用镜头的广角端（55mm）拍摄时，最大光圈可以达到 F3.5，而当使用镜头的长焦端（200mm）拍摄时，最大光圈只能够达到 F4.8。

当然，上述 3 款镜头也均有最小光圈值，XF 16-55mmF2.8 R LM WR、XF 55-200mmF3.5-4.8 R LM OIS 的最小光圈为 F22，XF 56mmF1.2 R APD 的最小光圈为 F16。

光圈值的表现形式

光圈值用字母 F 或 f 表示，如 F8（或 f/8）。常见的光圈值有 F1.4、F2、F2.8、F4、F5.6、F8、F11、F16、F22、F32、F36 等，光圈每递进一挡，光圈口径就会缩小一部分，通光量也随之减半。例如，F5.6 光圈的进光量是 F8 的两倍。

当前我们能见到的光圈数值还包括 F1.2、F2.2、F2.5、F6.3 等，但这些数值不包含在光圈正级数之内，这是因为各镜头厂商都在每级光圈之间插入了 1/2（如 F1.2、F1.8、F2.5、F3.5 等）和 1/3（如 F1.1、F1.2、F1.6、F1.8、F2、F2.2、F2.5、F3.2、F3.5、F4.5、F5.0、F6.3、F7.1 等）变化的副级数光圈，以便更加精确地控制曝光程度，使画面的曝光更加准确。

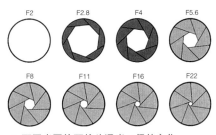

▲ 不同光圈值下镜头通光口径的变化

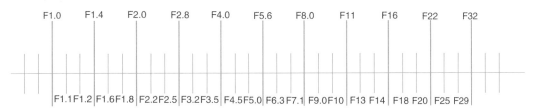

▲ 光圈级数刻度示意图，上排为光圈正级数，下排为光圈副级数。

光圈对成像质量的影响

通常情况下，摄影师都会选择比镜头最大光圈小一至两挡的中等光圈，因为大多数镜头在中等光圈下的成像质量是最优秀的，照片的色彩和层次都能有更好的表现。例如，一支最大光圈为 F2.8 的镜头，其最佳成像光圈为 F5.6 ~ F8。另外，也不能使用过小的光圈，因为过小的光圈会使光线在镜头中产生衍射效应，导致画面质量下降。

Q：什么是衍射效应？

A：衍射是指当光线穿过镜头光圈时，光在传播的过程中发生弯曲的现象。光线通过的孔隙越小，光的波长越长，这种现象就越明显。因此，在拍摄时光圈收得越小，被记录的光线中衍射光所占的比例就越大，画面的细节损失就越多，画面就越不清楚。衍射效应对 APS-C 画幅数码相机和全画幅数码相机的影响程度稍有不同，通常将 APS-C 画幅数码相机的光圈收小到 F11 时，就能发现衍射效应对画质产生了影响；而将全画幅数码相机的光圈收小到 F16 时，才能够看到衍射效应对画质产生影响。

▲ 使用镜头最佳光圈拍摄时，所得到的照片画质最为理想。『焦距：18mm │ 光圈：F11 │ 快门速度：1/250s │ 感光度：ISO200』

光圈对曝光的影响

如前所述，在其他参数不变的情况下，光圈增大一挡，则曝光量增加一倍，例如光圈从 F4 增大至 F2.8，即可增加一倍的曝光量；反之，光圈减小一挡，则曝光量也随之减少一半。换言之，光圈开得越大，通光量就越多，所拍摄出来的照片越明亮；光圈开得越小，通光量就越少，所拍摄出来的照片也就越暗淡。

下面是焦距为 60mm、快门速度为 1/40s、感光度为 ISO800 时，只改变光圈值拍摄的一组照片。

▲ 光圈：F10

▲ 光圈：F8

▲ 光圈：F6.3

▲ 光圈：F5.6

▲ 光圈：F3.5

▲ 光圈：F2.8

通过这组照片可以看出，在其他曝光参数不变的情况下，随着光圈逐渐变大，进入镜头的光线不断增多，所拍摄出来的画面也在逐渐变亮。

理解景深

简单来说，景深即指对焦位置前后的清晰范围。清晰范围越大，即表示景深越大；反之，清晰范围越小，即表示景深越小，画面中的虚化效果就越好。

景深的大小与光圈、焦距及拍摄距离这3个要素密切相关。当拍摄者与被摄对象之间的距离非常近，或者使用长焦距或大光圈拍摄时，都能得到对比强烈的背景虚化效果；反之，当拍摄者与被摄对象之间的距离较远，或者使用小光圈或较短的焦距拍摄时，画面的虚化效果就会较差。

另外，被摄对象与背景之间的距离也是影响背景虚化程度的重要因素。例如，当被摄对象距离背景较近时，即使使用F1.8的大光圈也不能得到很好的背景虚化效果；但若被摄对象距离背景较远，即使使用F8的光圈，也能获得较明显的虚化效果。

Q：景深与对焦点的位置有什么关系？

A：景深是指照片中某个景物清晰的范围。即当摄影师将镜头对焦于某个点并拍摄后，在照片中与该点处于同一平面的景物都是清晰的，而位于该点前方和后方的景物则由于没有对焦，因此都是模糊的。但由于人眼不能精确地辨别焦点前方和后方出现的轻微模糊，因此这部分图像看上去仍然是清晰的，这种清晰会一直在照片中从焦点向前、向后延伸，直至景物看上去变得模糊到不可接受，而这个可接受的清晰范围，就是景深。

Q：什么是焦平面？

A：如前所述，当摄影师将镜头对焦于某个点拍摄时，在照片中与该点处于同一平面的景物都是清晰的，而位于该点前方和后方的景物则都是模糊的，这个清晰的平面就是成像焦平面。如果摄影师的相机位置不变，当被摄对象在可视区域内的焦平面做水平运动时，成像始终是清晰的；但如果其向前或向后移动，则由于脱离了成像焦平面，因此会出现一定程度的模糊，景物模糊的程度与其距焦平面的距离成正比。

▲ 虽然对焦点在中间的财神爷玩偶上，但由于另外两个玩偶与其在同一个焦平面上，因此3个玩偶均是清晰的。

▲ 虽然对焦点仍然在中间的财神爷玩偶上，但由于另外两个玩偶与其不在同一个焦平面上，因此另外两个玩偶是模糊的。

光圈对景深的影响

光圈是控制景深（背景虚化程度）的重要因素。即在相机焦距不变的情况下，光圈越大，景深越小；反之，光圈越小，景深就越大。如果在拍摄时想通过控制景深的大小来使自己的作品更有艺术效果，就要学会合理使用大光圈和小光圈。

在包括富士 X-H2s 相机在内的所有数码微单相机中，都有光圈优先曝光模式，配合上面的理论，通过调整光圈数值的大小，即可拍摄不同的对象或表现不同的主题。例如，大光圈主要用于人像摄影、微距摄影等，通过虚化背景来突出主体；小光圈主要用于风景摄影、建筑摄影、纪实摄影等，以使画面中所有的景物都能得以清晰地呈现出来。

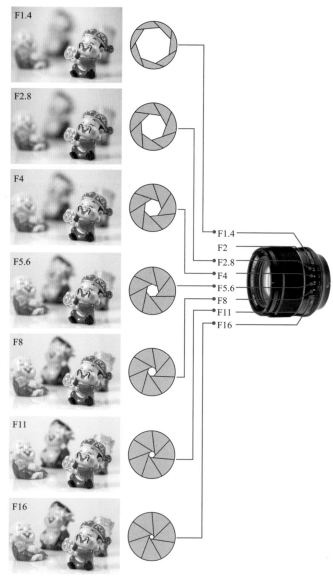

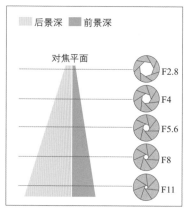

▲ 从示例图可以看出，光圈越大，图片中的前、后景深越小；光圈越小，图片中的前、后景深越大，其中，后景深是前景深的两倍。

▲ 从示例图可以看出，当光圈从 F1.4 逐渐缩小到 F16 时，画面的景深逐渐变大，也就是使用的光圈越小，画面中处于后方的玩偶就越清晰。

Q：焦外效果跟光圈有什么必然的关系吗？

A：焦外效果跟焦段、距离、光圈都有关系，但在前两者相同的情况下，镜头的光圈叶片越多、越圆，实际拍摄后的焦外效果就越圆润、好看。正因为如此，光圈叶片的数量与形状是评定镜头优劣的重要指标。

焦距对景深的影响

在其他条件不变的情况下，拍摄时使用的焦距越长，则画面的景深越小，可以得到更强烈的虚化效果；反之，焦距越短，则画面的景深越大，越容易呈现主体前后都清晰的画面效果。

▲ 将使用从广角到长焦的焦距拍摄的花卉照片进行对比可以看出，焦距越长，则主体越清晰，画面的景深越小。

高手点拨：焦距越短，视角越广，其透视变形也越严重，而且越靠近画面边缘，变形就越严重，因此，在构图时要特别注意这一点。尤其是在拍摄人像时，要尽可能将人物肢体置于画面的中间位置，特别是人物的面部，以免因发生变形而影响美观。另外，对于定焦镜头，我们只能通过相机的前后移动来改变相对的"焦距"，即画面的取景范围，拍摄者靠近被摄对象，就相当于使用了更长的焦距，此时同样可以得到更小的景深。

拍摄距离对景深的影响

在其他条件不变的情况下，拍摄者与被摄对象之间的距离越近，越容易得到小景深的强烈虚化效果；反之，如果拍摄者与被摄对象之间的距离较远，则不容易得到虚化效果。

这一点在使用微距镜头拍摄时体现得更为明显。当镜头离被摄体很近的时候，画面中的清晰范围就变得非常小。因此，在人像摄影中，为了获得较小的景深，经常采取靠近被摄者拍摄的方法。

下面为一组在所有拍摄参数都不变的情况下，只改变镜头与被摄对象之间的距离拍摄得到的照片。

通过左侧展示的一组照片可以看出，当镜头距离主体位置的玩偶越远时，其背景的模糊效果也越差。

背景与被摄对象的距离对景深的影响

在其他条件不变的情况下，画面中的背景与被摄对象之间的距离越远，则越容易得到小景深的强烈虚化效果；反之，如果画面中的背景与被摄对象位于同一个焦平面上，或者非常靠近，则不容易得到虚化效果。

左侧为一组在所有拍摄参数都不变的情况下，只改变被摄对象距离背景的远近拍出的照片。

通过左侧展示的一组照片可以看出，在镜头位置不变的情况下，随着前面的木偶与后面的两个木偶之间的距离越来越近，后面木偶的虚化程度也越来越低。

设置快门速度控制曝光时间

快门与快门速度的含义

简单来说，快门的作用就是控制曝光时间的长短。在按下快门按钮之时，从快门前帘开始移动到后帘结束所用的时间就是快门速度，这段时间实际上也就是相机感光元件的曝光时间。所以快门速度决定了曝光时间的长短，快门速度越快，曝光时间就越短，曝光量也越少；快门速度越慢，曝光时间就越长，曝光量也越多。

快门速度的表示方法

快门速度以秒为单位，一般入门级及中端微单相机的快门速度在1/4000~30s 范围内，而专业或准专业相机的最高快门速度能够达到1/8000s，可以满足更多题材和场景的拍摄要求。作为富士 APS-C 画幅的富士 X-H2s 相机最高机械快门速度为 1/8000s，如果想使用更高的快门速度，要将快门切换为电子快门模式。

在拍摄中常用的快门速度有 30s、15s、8s、4s、2s、1s、1/2s、1/4s、1/8s、1/15s、1/30s、1/60s、1/125s、1/250s、1/500s、1/1000s、1/4000s 等。

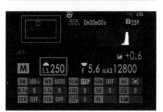

▶ 设定方法

选择 M 挡全手动或 S 挡快门优先曝光模式。在使用 M 挡或 S 挡曝光模式拍摄时，旋转前指令拨盘以选择所需快门速度值。

◀ 利用高速快门将起飞的鸟儿定格住，拍摄出很有动感效果的画面。『焦距：400mm ┊光圈：F6.3 ┊快门速度：1/500s ┊感光度：ISO400』

快门速度对曝光的影响

如前面所述，快门速度的快慢决定了曝光量的多少，在其他条件不变的情况下，快门速度每变化一倍，曝光量也会变化一倍。例如，当快门速度由 1/125s 变为 1/60s 时，由于快门速度慢了一半，曝光时间增加了一倍，因此进入相机的总曝光量也随之增加了一倍。从下面展示的一组照片可以发现，在光圈与 ISO 感光度数值不变的情况下，快门速度越慢，则曝光时间越长，画面感光就越充分，所以画面也越亮。

下面是一组在焦距为 24mm、光圈为 F2.8、感光度为 ISO800 不变的情况下，只改变快门速度拍摄的照片。

▲ 快门速度：1/60s

▲ 快门速度：1/50s

▲ 快门速度：1/40s

▲ 快门速度：1/30s

▲ 快门速度：1/25s

▲ 快门速度：1/20s

▲ 快门速度：1/15s

通过这组照片可以看出，在其他曝光参数不变的情况下，随着快门速度逐渐变慢，进入镜头的光线不断增多，因此拍摄出来的画面也逐渐变亮。

影响快门速度的三大要素

影响快门速度的要素包括光圈、感光度及曝光补偿，它们对快门速度的影响如下。

● 感光度：感光度每增加一倍（例如从 ISO100 增加到 ISO200），感光元件对光线的敏感度会随之增加一倍，同时，快门速度会提高一倍。

● 光圈：光圈每提高一挡（如从 F4 增加到 F2.8），快门速度便提高一倍。

● 曝光补偿：曝光补偿数值每增加 1 挡，由于需要更长时间的曝光来提亮照片，因此快门速度将降低一半；反之，曝光补偿数值每降低 1 挡，由于照片不需要更多的曝光，因此快门速度可以提高一倍。

快门速度对画面效果的影响

快门速度不仅影响进光量，还会影响画面的动感效果。当拍摄静止的景物时，快门的快慢对画面不会有什么影响，除非摄影师在拍摄时有意摆动镜头；但当拍摄动态的景物时，不同的快门速度能够营造出不一样的画面效果。

右侧照片是在焦距、感光度都不变的情况下，只是将快门速度依次调慢所拍摄的。

对比这组照片，可以看到当快门速度较快时，水流被定格成相对清晰的影像，但当快门速度逐渐降低时，流动的水流在画面中渐渐模糊。

由此可见，如果希望在画面中凝固运动着的被摄对象的精彩瞬间，应该使用高速快门。被摄对象的运动速度越快，采用的快门速度也要越快，以便在画面中凝固运动对象，形成一种时间突然停滞的静止效果。

但如果希望在画面中表现运动着的被摄对象的动态模糊效果，可以使用低速快门，以使其在画面中形成动态模糊效果，较好地表现出被摄对象生动的一面。按此方法拍摄流水、夜间的车流轨迹、风中摇摆的植物、流动的人群，均能够得到画面效果流畅、生动的照片。

▲ 光圈：F2.8 快门速度：1/80s 感光度：ISO50

▲ 光圈：F9 快门速度：1/8s 感光度：ISO50

▲ 光圈：F14 快门速度：1/3s 感光度：ISO50

▲ 光圈：F20 快门速度：0.8s 感光度：ISO50

▲ 光圈：F22 快门速度：1s 感光度：ISO50

▲ 光圈：F25 快门速度：1.3s 感光度：ISO50

▲ 采用高速快门定格住在空中的飞鹰。『焦距：500mm ¦ 光圈：F4 ¦ 快门速度：1/1500s ¦ 感光度：ISO200』

▲ 采用低速快门记录城市夜间的车流轨迹。『焦距：28mm ¦ 光圈：F16 ¦ 快门速度：15s ¦ 感光度：ISO100』

依据对象的运动情况设置快门速度

在设置快门速度时，应综合考虑被摄对象的运动速度、运动方向，以及摄影师与被摄对象之间的距离这 3 个基本要素。

被摄对象的运动速度

不同的表现形式，拍摄时所需要的快门速度也不尽相同。例如，在抓拍物体运动的瞬间，需要使用较高的快门速度；而如果是跟踪拍摄，对快门速度的要求就比较低了。

▲ 街拍的对象处于暂时静止的状态，因此无须太高的快门速度。『焦距：50mm ┆ 光圈：F3.5 ┆ 快门速度：1/200s ┆ 感光度：ISO200』

▲ 奔跑中的狗的速度很快，因此需要较高的快门速度才能将其清晰地定格在画面中。『焦距：200mm ┆ 光圈：F6.3 ┆ 快门速度：1/1000s ┆ 感光度：ISO320』

被摄对象的运动方向

如果从运动对象的正面拍摄（通常是角度较小的斜侧面），能够表现出对象从小变大的运动过程，需要的快门速度通常要低于从侧面拍摄的快门速度；而只有从侧面拍摄才会感受到被摄对象真正的速度，拍摄时需要的快门速度也更高。

▶ 当从正面或斜侧面角度拍摄运动对象时，速度感不强。『焦距：70mm ┆ 光圈：F3.2 ┆ 快门速度：1/1000s ┆ 感光度：ISO400』

▲ 当从侧面拍摄运动对象时，速度感很强。『焦距：40mm ┆ 光圈：F2.8 ┆ 快门速度：1/1250s ┆ 感光度：ISO400』

摄影师与被摄对象之间的距离

无论是身体靠近运动对象，还是使用镜头的长焦端，只要画面中的运动对象越大、越具体，被摄对象的相对运动速度就越快，此时需要随着运动对象不停地移动相机。略有不同的是，如果是身体靠近运动对象，则需要较大幅度地移动相机；而使用镜头的长焦端，只要小幅度地移动相机，就能够保证被摄对象一直处于画面之中。

从另一个角度来看，如果将视角变得更广阔一些，就不用为了将运动对象纳入画面中而费力地紧跟被摄对象。比如，使用镜头的广角端拍摄，就更容易抓拍到被摄对象运动的瞬间。

▲ 使用广角镜头抓拍到的现场整体气氛。『焦距：28mm ┊ 光圈：F9 ┊ 快门速度：1/640s ┊ 感光度：ISO200』

▶ 长焦镜头注重表现单个主体，对细节的表现更加明显。『焦距：400mm ┊ 光圈：F7.1 ┊ 快门速度：1/640s ┊ 感光度：ISO200』

常见快门速度的适用拍摄对象

以下是一些常见快门速度的适用拍摄对象，虽然在拍摄时并非一定要用快门优先曝光模式，但先对一般情况有所了解，才能找到最适合表现当前被摄对象的快门速度。

快门速度（秒）	适用范围
B门	适合拍摄夜景、闪电、车流等。其优点是摄影师可以自行控制曝光时间，缺点是如果不知道当前场景需要多长时间才能正常曝光，容易出现曝光过度或不足的情况，此时需要摄影师多做尝试，直至得到满意的效果。
1~30	在拍摄夕阳、天空仅有微光的日落后及日出前后时，都可以使用光圈优先曝光模式或手动曝光模式，很多优秀的夕阳作品都诞生于这个曝光区间。使用1~5s的快门速度，还能够将瀑布或溪流拍摄出如同丝绸一般的梦幻效果。
1 和 1/2	适合在昏暗的光线下，使用较小的光圈获得足够的景深，通常用于拍摄稳定的对象，如建筑、城市夜景等。
1/15~1/4	1/4s的快门速度可以作为拍摄夜景人像时的最低快门速度。该快门速度区间也适合拍摄一些光线较强的夜景，如明亮的步行街和光线较好的室内。
1/30	在使用标准镜头或广角镜头拍摄风光、建筑室内时，该快门速度可以视为拍摄时的最低快门速度。
1/60	对标准镜头而言，该快门速度可以保证在各种场合进行拍摄。
1/125	这一挡快门速度非常适合在户外阳光明媚的环境下拍摄时使用，同时也能够拍摄运动幅度较小的物体，如走动中的人。
1/250	该快门速度适合拍摄中等运动速度的被摄对象，如游泳运动员、跑步中的人或棒球活动等。
1/500	该快门速度已经可以用来抓拍一些运动速度较快的对象，如行驶的汽车、跑动中的运动员、奔跑的马等。
1/1000~1/4000	该快门速度区间已经可以用于拍摄一些极速运动对象，如赛车、飞机、足球运动员、飞鸟及瀑布飞溅出的水花等。

安全快门速度

简单来说，安全快门速度是指人在手持设备拍摄时能保证画面清晰的最低快门速度。这个快门速度与镜头的焦距有很大关系，即手持相机拍摄时，快门速度数值应不低于焦距的倒数。

比如，相机焦距为 70mm，拍摄时的快门速度应不低于 1/80s。这是因为人在手持相机拍摄时，即使被拍摄对象待在原处纹丝未动，也会因为拍摄者本身的抖动而导致画面模糊。

由于富士 X-H2s 相机是 APS-C 画幅相机，因此在换算时还要将焦距转换系统考虑在内。即如果以 200mm 焦距进行拍摄，其快门速度数值不应该低于 200×1.5 所得数值的倒数，即 1/320s。

▼ 虽然是拍摄静态的玩偶，但由于光线较弱，致使快门速度低于安全快门速度，所以以拍摄出来的玩偶是比较模糊的。『焦距：100mm ┊光圈：F2.8 ┊快门速度：1/50s ┊感光度：ISO200』

▲ 拍摄时提高了感光度数值，因此能够使用更高的快门速度，从而确保拍出来的照片很清晰。『焦距：100mm ┊光圈：F2.8 ┊快门速度：1/160s ┊感光度：ISO800』

防抖技术对快门速度的影响

富士的防抖系统全称为Optical Image Stabilization，简写为OIS，目前最新的防抖技术可保证即使使用低于安全快门6倍的快门速度拍摄也能获得清晰的影像。但要注意的是，防抖系统只是提供了一定程度的校正功能，在使用时还要注意以下几点。

● 防抖系统成功校正抖动是有一定概率的，这还与个人的手持稳定能力有很大关系。通常情况下，使用低于安全快门两倍以内的快门速度拍摄，成功校正的概率会比较高。

● 当快门速度高于安全快门一倍以上时，建议关闭防抖系统，否则防抖系统的校正功能可能影响原本清晰的画面，导致画质下降。

● 在使用三脚架保持相机稳定时，建议关闭防抖系统。因为在使用三脚架时，不存在手持相机时手抖的问题，而开启了防抖功能后，一点微小的震动反而会造成图像质量下降。值得一提的是，很多防抖镜头同时带有三脚架检测功能，即它可以检测到三脚架细微震动造成的抖动并进行补偿，因此在使用这种镜头拍摄时，不应关闭防抖功能。

▲ 有防抖标志的富士龙镜头

Q: OIS功能是否能够代替较高的快门速度？

A: 虽然在弱光条件下拍摄时，具有OIS功能的镜头允许摄影师使用更低的快门速度，但实际上OIS功能并不能代替较高的快门速度。要想得到出色的高清晰度照片，仍然需要用较高的快门速度来捕捉瞬间的动作。不管OIS功能有多么强大，只有使用高速快门才能够清晰捕捉到快速移动的被摄对象，这一原则是不会改变的。

防抖技术的应用

虽然防抖技术会对照片的画质产生一定的负面影响，但是在光线较弱时，为了得到清晰的画面，它又是必不可少的。例如，在拍摄动物时常常会使用400mm的长焦镜头，这就要求相机的快门速度必须保持在1/400s的安全快门速度以上，那么光线略有不足就很容易把照片拍虚，这时使用防抖功能几乎就成了唯一的选择。

▲ 当利用长焦镜头拍摄动物时，为了得到清晰的画面，开启了镜头的防抖功能，即使放大查看，其毛发仍然很清晰。『焦距：400mm ┊光圈：F6.3 ┊快门速度：1/250s ┊感光度：ISO400』

长时间曝光降噪功能

曝光的时间越长，照片中产生的噪点就越多，此时，可以启用长时间曝光降噪功能来消减画面中的噪点。

● 开：选择此选项，相机在完成曝光后，会立即对照片进行降噪处理，在处理期间无法拍摄其他照片。

● 关：选择此选项，在任何情况下都不执行"长时间曝光降噪"功能。

❶ 在**图像质量设置**菜单中选择**长时间曝光降噪**选项

❷ 按▲或▼方向键选择**开**或**关**选项，然后按 MENU/OK 按钮确认

▲上图是未设置长时间曝光降噪功能的局部画面，下图是启用了该功能的局部画面，可以看出画面中的杂色及噪点都明显减少，但同时也损失了一定的细节。

▲通过长达 30s 的曝光拍摄到的照片。『焦距：21mm ┆光圈：F14 ┆快门速度：30s ┆感光度：ISO100』

Q：为什么开启降噪功能后的拍摄时间比未开启此功能的拍摄时间多了一倍？

A：这是由于降噪功能处于开启的情况下，相机需要在快门未开启时，以相同的曝光时间拍摄出一张有噪点的"空白"照片，并根据此照片中的噪点位置，去除上一张照片中的噪点。经过比对后，两张照片中位置相同的噪点将被去除。因此，开启此功能后，降噪的过程要多用一倍的拍摄时间。

了解了这一过程后也就明白了，为什么使用此功能无法去除画面中的全部噪点，因为有些噪点出现的位置是随机的，这样的噪点不会被去除。而在去除大量噪点时，不可避免地会出现误判，导致照片中构成画面细节的像素也被删除了，因此开启此功能后画面的细节会有所损失。

设置 ISO 控制照片品质

理解感光度

　　数码相机感光度的概念是从传统胶片的感光度引入的，用于表示感光元件对光线的敏感程度，即在相同条件下，感光度越高，获得光线的数量也就越多。但要注意的是，感光度越高，产生的噪点就越多，而低感光度画面则清晰、细腻，细节表现较好。

　　富士 X–H2s 相机在感光度的控制方面较为优秀，其常用感光度范围为 ISO160~ISO12800，并可以向上扩展至 H（最高为 ISO51200），向下扩展至 L（最低为 ISO80）。

　　对富士 X–H2s 来说，当感光度数值在 ISO1600 以下时，均能获得出色的画质；当感光度数值在 ISO1600~ISO3200 范围内时，画质比低感光度时略有降低，但仍可以用良好来形容；当感光度数值增至 ISO6400 及以上时，画面的细节流失增多了，已经有明显的噪点出现，尤其是在弱光环境下表现得更为明显；当感光度扩展至 ISO51200 时，画面中的噪点和色散已经变得很严重，因此，除非特殊情况，一般不建议使用 ISO12800 以上的感光度数值。

▶ 设定方法

按下 ISO 按钮，即可在屏幕上选择不同的感光度。若选择了"自动"选项，相机将根据拍摄环境自动调整感光度。

感光度的设置原则

　　感光度除了会对曝光产生影响，对画质也有着极大的影响，即感光度越低，画面就越细腻；反之，感光度越高，就越容易产生噪点、杂色，画质就越差。

　　在条件允许的情况下，建议采用富士 X–H2s 基础感光度中的最低值，即 ISO160 进行拍摄，这样可以最大限度地保证照片得到较高的画质。

　　需要特别指出的是，当使用相同的 ISO 感光度分别在光线充足与不足的环境中拍摄时，在光线不足的环境中拍摄的照片会产生较多的噪点，如果此时再使用较长的曝光时间，那么就更容易产生噪点。因此，在弱光环境中拍摄时，更需要设置低感光度，并配合使用"降噪功能"和"长时间曝光降噪"来获得较高的画质。

　　当然，低感光度可能导致快门速度很低，手持拍摄很容易由于手的抖动而导致画面模糊。此时，应该果断地提高感光度，即首先保证能够成功完成拍摄，然后再考虑高感光度给画质带来的损失。因为画质损失可通过后期处理来弥补，而画面模糊则意味着拍摄失败，是无法通过后期补救的。

ISO 数值与画质的关系

对于富士 X-H2s，当使用 ISO1600 以下的感光度拍摄时，均能获得优秀的画质；使用 ISO1600~ISO6400 之间的感光度拍摄，虽然画质要比在低感光度拍摄时略有降低，但是可以接受。

如果从实用角度来看，在光线较充足的情况下，使用 ISO1600 和 ISO6400 拍摄的照片细节完整、色彩生动，只要不是放大到很大倍数查看，和使用较低感光度拍摄的照片并无明显区别。但是对一些对画质要求较为严苛的用户来说，ISO1600 是富士 X-H2s 能保证较好画质的最高感光度。

当使用高于 ISO1600 的感光度拍摄时，虽然整个照片依旧没有过多杂色，但是照片细节上的缺失通过大屏幕观看时就能感觉到，所以除非在极端环境中拍摄，否则不推荐使用。

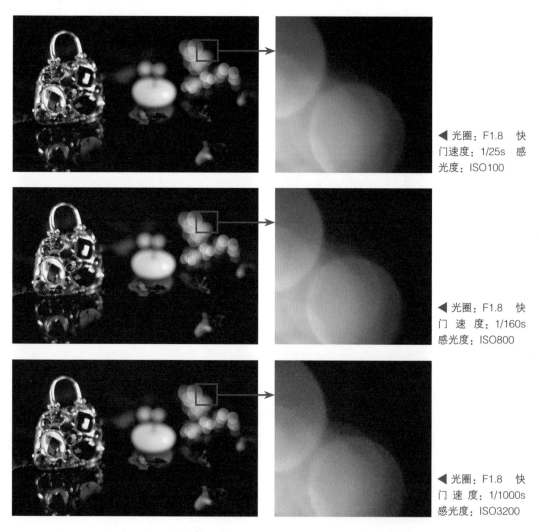

◀光圈：F1.8 快门速度：1/25s 感光度：ISO100

◀光圈：F1.8 快门速度：1/160s 感光度：ISO800

◀光圈：F1.8 快门速度：1/1000s 感光度：ISO3200

从这组照片可以看出，在光圈优先曝光模式下，当 ISO 感光度数值发生变化时，快门速度也发生了变化，因此照片的整体曝光量并没有变化。但仔细观察细节可以看出，照片的画质随着 ISO 数值的增大而逐渐变差。

感光度对曝光效果的影响

作为控制曝光的三大要素之一，在其他条件不变的情况下，感光度每增加一挡，感光元件对光线的敏感度会随之提高一倍，即增加一倍的曝光量；反之，感光度每减少一挡，则减少一半的曝光量。

更直观地说，感光度的变化直接影响光圈或快门速度的设置，以 F5.6、1/200s、ISO400 曝光组合为例，在保证被摄体得到正确曝光的前提下，如果要改变快门速度并使光圈数值保持不变，可以通过提高或降低感光度来实现，快门速度提高一倍（变为 1/400s），则要将感光度提高一倍（变为 ISO800）；如果要改变光圈值而保证快门速度不变，同样可以通过设置感光度数值来实现。例如，要增加两挡光圈（变为 F2.8），则要将 ISO 感光度数值降低两挡（变为 ISO100）。

下面是一组保持焦距为 50mm、光圈为 F7.1、快门速度为 1/30s 不变，只改变感光度拍摄的照片。

在拍摄上面这组照片时，焦距、光圈、快门速度都没有变化，从中可以看出，当其他曝光参数不变时，ISO 感光度的数值越大，由于感光元件对光线更加敏感，因此拍摄出来的照片也就越明亮。

让相机自动设定感光度

当我们对感光度的设置要求不高时，可以将感光度设置为自动感光度，即选择 AUTO1、AUTO2 或 AUTO3，此时 ISO 感光度由相机自动控制，当相机检测到当前的光圈与快门速度组合无法满足曝光需求或可能曝光过度时，就会自动选择一个合适的 ISO 感光度值，以满足正确曝光的需求。

在"自动模式"菜单中，可控制当选择自动感光度时，相机调整感光度的方式。

在此菜单中可以对"自动 1~自动 3""默认感光度""最大感光度""最低快门速度"等选项进行设定。

● 自动 1~自动 3：富士 X-H2s 相机支持 3 个自动感光的预设，可以在此菜单中分别给不同的序号赋予不同的默认感光度、快门速度。

● 默认感光度：选择此选项，可设置自动感光度的最小值。

● 最大感光度：选择此选项，可设置自动感光度的最大值。

● 最低快门速度：选择此选项，可以指定一个快门速度的最低值，即当快门速度低于此值时，才由相机自动提高感光度值。

▶ 拍摄光线变化较大的节日活动时，可能没有过多的时间去详细设置参数，此时可以使相机自动控制感光度

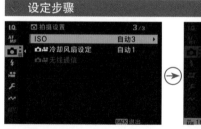

设定步骤

❶ 在**拍摄设置**菜单中选择 **ISO** 选项，按▶方向键

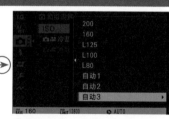

❷ 按▲或▼方向键选择各**自动**选项，然后按▶方向键

❸ 按▲或▼方向键选择**默认感光度**选项，然后按▶方向键

❹ 按▲或▼方向键选择默认感光度值，然后按 MENU/OK 按钮确认

❺ 当在步骤❸中选择**最大感光度**选项时，按▲或▼方向键可选择最大感光度

❻ 当在步骤❸中选择**最低快门速度**选项时，按▲或▼方向键可选择最低快门速度

最高、最低扩展 ISO 感光度设置

要使用最高或最低扩展感光度，可以按右侧所示使用 ISO 按钮操作，也可以按下方的操作方法，获得最高 51200 及最低 80 的扩展感光度。

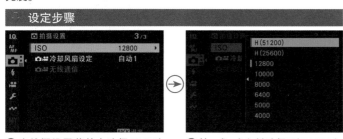

❶ 在**拍摄设置**菜单中选择 **ISO** 选项，然后按▶方向键

❷ 按▲或▼方向键选择 **H（51200）**，得到最高扩展感光度

Q：原生 ISO 与扩展 ISO 的区别是什么？

A：原生 ISO 指的是相机内的感光元件，也就是 CMOS 本身的感光能力，也就是硬性指标，就像计算机 CPU 的双核、四核一样。

而扩展 ISO 则是相机通过计算模拟出来的，是一种算法，相当于相机自动做的后期处理，强行提亮或压暗画面。

当然，如果从最根本的原理来理解，大部分传感器其实都有且仅有一个基本感光度，就是原生最低感光度（目前有些相机有双原生感光度）。

传感器的开发人员会将这个基本感光度下的噪点控制到最低，而其他感光度则都是信号增益放大的结果。由于都没有像基准感光度那样做过优化，所以噪点就会越来越多。

而扩展感光度则不仅是信号增益放大的结果，还要经过相机中内置软件模拟更高或更低感光度的效果。多一次处理，光信号传变为物理信号的过程中就必然会有损失，那么画质也就会降低。

▶ 设定方法

按下 ISO 按钮，可在屏幕上选择最低或最高扩展感光度

使用最低非扩展感光度拍摄的照片画质更纯净。『焦距：28mm ┊光圈：F6.3 ┊快门速度：1/250s ┊感光度：ISO160』

利用高 ISO 降噪功能减少噪点

　　富士 X-H2s 相机在高 ISO 感光度噪点的控制方面较为出色。但在使用高感光度拍摄时，画面中仍然会出现噪点，此时可以通过使用"高 ISO 降噪"菜单功能对噪点进行消减。

　　在此菜单中，可以在 -4~+4 范围内选择一个降噪等级，数值越高，则等级越高，降噪效果越明显，同时细节也损失得越多。此功能可以在任何时候减少画面的噪点（不规则间距明亮像素、条纹或雾像），尤其对使用高 ISO 感光度拍摄的照片更有效。

　　Q：为什么在提高感光度时画面会出现噪点？

　　A：数码微单相机感光元件的感光度最低值通常是 ISO100 或 ISO200，这是数码相机的基准感光度。如果要提高感光度，就必须通过相机内部的放大器来实现，因为相机感光元件的感光度是固定的。当相机内部的放大器工作时，相机内部电子元器件间的电磁干扰就会增加，从而使相机的感光元件出现错误曝光，其结果就是画面中出现噪点，与此同时，相机宽容度的动态范围也会变小。

▼ 上图是未启用降噪功能拍摄的效果，下图为启用此功能拍摄的效果，对比两张图可以看出，降噪后的照片中噪点明显减少，但同时也损失了一定的细节。

❶ 在**图像质量设置**菜单中选择**高 ISO 降噪**选项，然后按▶方向键

❷ 按▲或▼方向键选择一个选项，然后按 MENU/OK 按钮确认

曝光四因素之间的关系

影响曝光的因素有4个：①照明的亮度（Light Value），简称LV，大部分照片是以阳光为光源拍摄得到的，但我们无法控制阳光的亮度；②感光度，即ISO值，ISO值越高，所需的曝光量越少；③光圈，较大的光圈能让更多的光线通过镜头；④曝光时间，也就是所谓的快门速度。

影响曝光的这4个因素是一个互相牵引的四角关系，改变任何一个因素，均会对另外3者造成影响。例如最直接的对应关系是"亮度—感光度"，当在较暗的环境中（亮度较低）拍摄时，就要使用较高的感光度，以增加相机感光元件对光线的敏感度，来得到曝光正常的画面。另一个直接的影响是"光圈—快门"，当用大光圈拍摄时，进入相机镜头的光量变多，因而便要提高快门速度，以避免照片过曝；反之，当缩小光圈时，进入相机镜头的光量变少，快门速度就要相应地变低，以避免照片欠曝。

下面进一步解释这四者的关系。

当光线较为明亮时，相机感光充分，因而可以使用较低的感光度、较高的快门速度或小光圈拍摄；

当使用高感光度拍摄时，相机对光线的敏感度增加，因此也可以使用较高的快门速度、较小光圈拍摄；

当降低快门速度做长时间曝光时，则可以通过缩小光圈、使用较低的感光度，或者加中灰镜来得到正确的曝光。

当然，在现场光环境中拍摄时，画面的亮度很难做出改变，虽然可以用中灰镜降低亮度，或者提高感光度来增加亮度，但是会对画质造成一定的影响。因此，摄影师通常会先考虑调整光圈和快门速度。当调整光圈和快门速度都无法得到满意的效果时，才会调整感光度。最后才会考虑安装中灰镜或增加灯光来给画面补光。

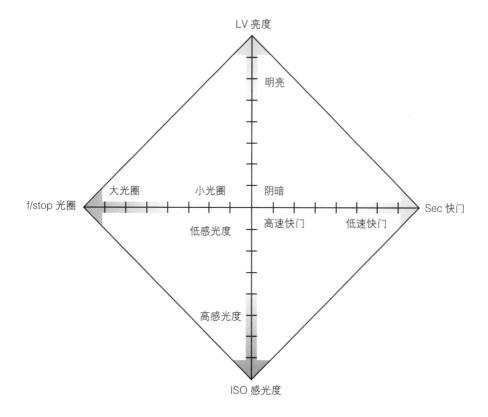

设置白平衡控制画面色彩

理解白平衡存在的重要性

无论是在室外的阳光下，还是在室内的白炽灯光下，人眼都能将白色视为白色，将红色视为红色，这是因为肉眼能够自动修正光源变化造成的着色差异。实际上，当光源改变时，作为这些光源的反射而被捕获的颜色也会发生变化，相机会精确地将这些变化记录在照片中，这样的照片在校正之前看上去是偏色的。

数码相机具有的"白平衡"功能，可以校正不同光源下色彩的变化，就像人眼的修正功能一样，能够使偏色的照片得到校正。

值得一提的是，在实际应用时，我们也可以尝试使用"错误"的白平衡设置，从而获得特殊的画面色彩。例如，在拍摄夕阳时，如果使用荧光灯或阴影白平衡，则可以得到冷暖对比或带有强烈暖调色彩的画面，这也是白平衡的一种特殊应用方式。

富士 X-H2s 相机共提供了 3 类白平衡设置，即预设白平衡、手选色温及自定义白平衡，下面分别讲解它们的作用。

▲ 场景中的光线比较复杂，所以将白平衡设置为自定义模式，画面中海水、礁石、天空的颜色都得到了准确的还原。
『焦距：24mm ┆光圈：F10 ┆快门速度：5s ┆感光度：ISO100 』

预设白平衡

富士 X-H2s 相机提供了 8 种预设白平衡模式，可以满足大多数日常拍摄的需求。在实际拍摄时，摄影师只需要根据不同的光线条件选择不同的白平衡，就能够较好地完成拍摄任务，下面分别介绍这些白平衡模式。

▶ 设定方法
按 WB 按钮显示白平衡列表，使用▲或▼方向键选择所需的白平衡模式，然后按◀按钮确认。

白平衡模式	说明	适用场合	拍摄效果
自动白平衡	根据实际光源校正照片色彩，具有非常高的准确度	在大部分场景下，都能够获得准确的色彩还原，并适合需要快速拍摄的场景等	
日光白平衡	在日光下拍摄时，照片的色调偏冷，使用日光白平衡可以为画面增加一同程度的暖色	适用于空气较为通透或天空有少量薄云的晴天等	
阴天白平衡	阴天的光线色温较高，拍摄出来的照片色调偏冷，使用阴天白平衡可以为画面增加暖色	适合在云层较厚的天气或阴天拍摄时使用；或者在拍摄特殊对象（如日出、日落），想要获得漂亮的偏暖色光线时	
日光荧光灯白平衡 暖白荧光灯白平衡 冷白荧光灯白平衡	在荧光灯下拍摄的画面很容易出现偏色的问题，且由于灯光光谱不连续，会出现时而偏黄、时而偏绿等不同程度的偏色，选择此模式可根据现场环境灯光的变化，为画面增加蓝色或洋红色调，消除偏色问题	以荧光灯作为主光源的环境，主要包括白色灯光、日光灯、节能灯泡等，大家可以根据实际拍摄环境中的荧光灯颜色来选择白平衡模式。建议先拍摄一张照片进行测试，以判断色彩还原是否准确	
白炽灯白平衡	白炽灯发射的光线色温较低，所拍摄出来的画面色彩通常偏黄或偏红，采用白炽灯白平衡可以为画面增加蓝色	适合在某些室内环境拍摄时使用，如宴会、婚礼、舞台等	
潜水白平衡	由相机自动校正水底光线下的照片色彩，减少蓝色	适用于海底世界、游泳馆等	

什么是色温

在摄影领域，色温用于表示光源的成分，单位为"K"。例如，日出日落时分光的颜色为橙红色，这时色温较低，大约为3200K；太阳升高后，光的颜色为白色，这时色温变高，大约为5400K；阴天的色温还要高一些，大约为6000K。色温值越大，则光源中所含的蓝色光越多；反之，色温值越小，则光源中所含的红色光越多。下图为常见场景中的色温值。

低色温的光趋于红、黄色调，其能量分布中红色调较多，因此通常又被称为"暖光"；高色温的光趋于蓝色调，通常被称为"冷光"。比如，在日落时分，光线的色温较低，因此拍摄出来的画面偏暖，适合表现夕阳静谧、温馨的感觉。为了加强这样的画面效果，可以叠加使用暖色滤镜，或者将白平衡设置成阴天模式。

再如晴天、中午时分的光线色温较高，拍摄出来的画面偏冷，通常这时空气的能见度也较高，可以很好地表现大景深的场景。另外，冷色调的画面还可以很好地表现出冷清的感觉，在视觉上给人开阔的感受。

蓝天、白雪约 10000K — 9000K — 户外阴影约 7500K

雨天 / 阴天约 7000K — 8000K — 7000K — 阴天约 6500K

正午晴天约 5000K — 6000K — 5000K — 闪光灯约 5500K

下午阳光约 4500K — 4000K — 夕阳约 3800K

室内灯光约 3400K — 3000K — 2000K

烛光 1800K — 1000K — 家用电灯约 2800K

手调色温

为了应对复杂光线环境下的拍摄需要，富士 X-H2s 相机在色温调整白平衡模式下提供了 2500~10000K 的色温调整范围，最小的调整幅度为 10K，用户可根据实际色温进行精确调整。

预设白平衡模式涵盖的色温范围比手调色温白平衡可调整的范围要小一些，因此当需要一些比较极端的效果时，预设白平衡模式就显得有些力不从心，此时就可以进行手动调整。

在通常情况下，使用自动白平衡模式就可以获得不错的色彩效果。但在特殊光线条件下，自动白平衡模式有时可能无法得到准确的色彩还原。此时，应根据光线条件手动选择合适的色温值。

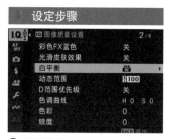

❶ 在**图像质量设置**菜单中选择**白平衡**选项，然后按▶方向键

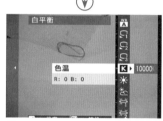

❷ 按▲或▼方向键选择**色温**选项，然后按▶方向键

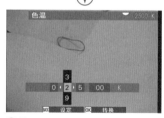

❸ 按▲或▼方向键选择一个色温数值，然后按 DISP/BACK 按钮确认

▲ 即使使用了色温值最高的阴天预设白平衡（色温约为 7000K），画面得到的暖调效果还是不够纯粹

▲ 通过手动调整色温至最高的 10000K，画面得到的暖调效果更加强烈

自定义白平衡

自定义白平衡模式是各种白平衡模式中最精准的一种，是指先在现场光照条件下拍摄纯白色的物体，相机会认为这张照片是标准的"白色"，从而以此为依据对现场色彩进行调整，最终实现精准的色彩还原。

在富士 X-H2s 相机中自定义白平衡的操作步骤如下。

❶ 将对焦模式选择器切换至M（手动对焦）挡。

❷ 在"图像质量设置"菜单中选择"白平衡"选项。

❸ 选择"自定义1"~"自定义3"中的一个选项，并按▶方向键进入测量白平衡状态。

❹ 找到一个白色物体，然后半按快门对白色物体进行测光（此时无须顾虑是否对焦的问题），且要保证白色物体充满屏幕，然后按下快门拍摄一张照片。

❺ 拍摄完成后，屏幕若显示"完成"的提示，按下 MENU/OK 按钮即可将白平衡设为测量的值。

例如，在室内使用恒亮光源拍摄人物或静物时，由于光源本身都会带有一定的色温倾向，因此为了保证拍出的照片能够准确地还原色彩，此时就可以通过自定义白平衡的方法进行拍摄。

高手点拨：在实际拍摄时，灵活运用自定义白平衡功能，可以使拍摄效果更自然，这要比使用滤镜获得的效果更自然，操作也更方便。但值得注意的是，当曝光不足或曝光过度时，使用自定义白平衡可能无法获得正确的白平衡。在实际拍摄时，可以使用18%灰度卡（市场有售）取代白色物体，这样可以更精确地设置白平衡。

▲ 采用自定义白平衡模式拍摄室内人像作品，画面中人物的肤色得到了准确还原。『焦距：24mm ┆ 光圈：F10 ┆ 快门速度：1/125s ┆ 感光度：ISO100 』

设定步骤

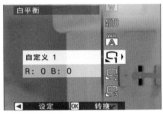

❶ 在**图像质量设置**菜单中选择**白平衡**选项，然后按▶方向键

❷ 按▲或▼方向键选择**自定义 1** 选项（此处以选择自定义 1 选项为例），然后按▶方向键进入测量白平衡状态

❸ 对准白色物体使之填满屏幕，然后按下快门按钮拍摄

❹ 屏幕将显示"完成"提示，然后按下 MENU/OK 按钮即可将白平衡设为测量的值；若屏幕中显示"过暗"或"过亮"，则需要提高或降低曝光补偿后重新测量

白平衡偏移

在使用富士的各种白平衡模式时，均可微调修正画面色调，以使拍出画面的色彩更加个性化，或者更符合拍摄场景的色彩倾向。例如，可以通过微调，使每张照片都偏一点点蓝色，或者偏一点点紫红色。

例如，如果将色温值设置为9000K进行拍摄，但拍摄后认为照片可以更偏红一些，则可以通过微调白平衡，使拍摄出来的照片更红。

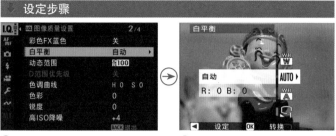

❶ 在**图像质量设置**菜单中选择**白平衡**选项，按▶方向键

❷ 按▲或▼方向键选择一种白平衡模式，然后按 MENU/OK 按钮确认

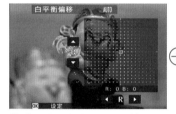

❸ 进入白平衡偏移界面，按▲、▼、◀、▶方向键可使画面向蓝、黄、青、红色偏移

❹ 向右下方偏移后的画面效果

白平衡包围

在使用白平衡包围功能拍摄时，一次拍摄可同时得到3张不同白平衡效果的图像。

摄影师在"白平衡BKT"菜单中选择了一个包围量（±1、±2或±3）后，每释放一次快门，相机将创建3张照片，一张以当前白平衡设定拍摄，一张通过增加所选偏移量的白平衡设定拍摄，还有一张通过减少所选偏移量的白平衡设定拍摄。

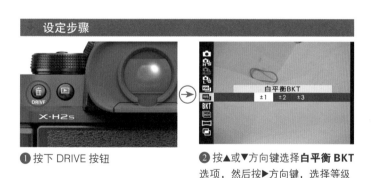

❶ 按下 DRIVE 按钮

❷ 按▲或▼方向键选择**白平衡 BKT**选项，然后按▶方向键，选择等级

▼ 下面是使用白平衡包围功能拍摄的灰度示例照片，可以明显看出来左侧照片偏冷调，右侧照片偏暖调

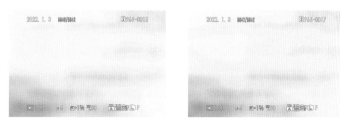

正确设置自动对焦模式获得清晰锐利的画面

准确对焦是成功拍摄的重要前提。准确对焦可以让画面要表现的主体得以清晰呈现；反之，则容易出现画面模糊的问题，也就是所谓的"失焦"。

富士 X-H2s 相机提供了自动对焦与手动对焦两种模式，而自动对焦又可以分为单次自动对焦和连续自动对焦两种模式，使用这两种自动对焦模式一般都能够实现准确对焦，下面分别讲解它们的使用方法。

▶ 设定方法
在默认设置下，按下 Fn3 按钮可以显示对焦模式界面，按▲或▼方向键选择所需的模式

拍摄静止对象选择单次自动对焦模式（AF-S）

单次自动对焦模式会在合焦（半按快门时对焦成功）之后即停止自动对焦，此时可以保持半按快门状态重新调整构图，这种对焦模式是风光摄影中最常用的自动对焦模式之一，特别适合拍摄静止的对象，例如山峦、树木、湖泊、建筑等。当然，在拍摄人物、动物时，如果被摄对象处于静止状态，也可以使用这种自动对焦模式。

▲ 单次自动对焦模式非常适合拍摄静止或运动幅度较小的对象

拍摄运动对象选择连续自动对焦模式（AF-C）

选择连续自动对焦模式后，当摄影师半按快门进行合焦时，在保持半按快门的状态下，相机会在对焦点中自动切换以保持对运动对象的准确合焦状态。如果在此过程中，被摄对象的位置发生了较大变化，相机会自动做出调整，以确保主体清晰。这种对焦模式较适合拍摄运动中的鸟、昆虫、人等对象。

Q：按快门无法自动对焦怎么办？

A：检查对焦模式是否是自动对焦，以及是否已经稳妥地安装了镜头，同时还要检查"按钮／拨盘设置"菜单中的"快门 AF"是否选择了 ON 选项。

▲ 拍摄飞翔中的鸟儿，使用连续自动对焦模式可以获得焦点清晰的画面。『焦距：300mm ┆ 光圈：F5.6 ┆ 快门速度：1/4000s ┆ 感光度：ISO500』

灵活设置自动对焦辅助功能

设置对焦时的声音音量

"AF 嘟嘟声音量"功能的作用就是在对焦成功时发出清脆的声音,以便于确认是否对焦成功。

拍摄一般场景时开启对焦声对确认合焦很有帮助,但在拍摄需要保持安静的场合时,如会议、博物馆或其他易被惊扰的对象时,则建议将其设置为"关"。

设定步骤

❶ 在**设置**菜单中选择**声音设置**选项,然后按▶方向键

❷ 按▲或▼方向键选择 **AF 嘟嘟声音量**选项,然后按▶方向键

❸ 按▲或▼方向键选择所需的音量或**关**选项,然后按 MENU/OK 按钮确认

利用自动对焦辅助光辅助对焦

利用"AF 辅助灯"菜单可以控制是否开启相机的自动对焦辅助光。在弱光环境下拍摄时,由于对焦很困难,相机的自动对焦系统很难对场景进行对焦,此时开启 AF 辅助灯功能,AF 辅助灯将发出红色的指示光,照亮被摄对象,以辅助相机清晰对焦。

设定步骤

❶ 在 **AF/MF 设置**菜单中选择 **AF 辅助灯**选项,然后按▶方向键

❷ 按▲或▼方向键选择**开**或**关**选项,然后按 MENU/OK 按钮确认

高手点拨:如果拍摄的是会议或体育比赛等不能被打扰的对象,应该关闭此功能。

● 开:选择此选项,当拍摄环境光线较暗时,自动对焦辅助灯将发射自动对焦辅助光。

● 关:选择此选项,自动对焦辅助灯将不发射自动对焦辅助光。

▶ 在城市中灯光暗淡的拐角或小巷里可以用辅助光来辅助对焦

设置拍摄时释放优先还是对焦优先

使用"释放/对焦优先"菜单可以控制在采用单次自动对焦（AF–S）和连续自动对焦（AF–C）模式拍摄时，是每次按下快门释放按钮时都可以拍摄照片，还是仅当相机清晰对焦时才可以拍摄照片。

● 释放：选择此选项，无论何时按下快门释放按钮均可拍摄照片。如果确认"拍到"比"拍好"更重要，例如，在突发事件的现场，或者记录不会再出现的重大时刻，可以选择此选项，以确保至少能够拍到值得记录的画面，至于是否清晰就靠运气了。

● 对焦：选择此选项，仅当显示对焦指示（●）时方可拍摄照片，而且拍出的照片是清晰的，但有可能出现在相机对焦的过程中，拍摄对象已经消失，或者拍摄时机已经丧失的情况。

设定步骤

❶ 在 **AF/MF 设置**菜单中选择**释放/对焦优先**选项，然后按▶方向键

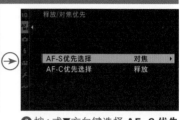

❷ 按▲或▼方向键选择 **AF–S 优先选择**选项，然后按▶方向键

❸ 按▲或▼方向键选择**释放**或**对焦**选项，然后按 MENU/OK 按钮确认

❹ 若在步骤❷中选择了 **AF–C 优先选择**选项，按▲或▼方向键为 AF–C 模式选择**释放**或**对焦**选项，然后按 MENU/OK 按钮确认

▶ 在拍摄这种运动幅度不大的对象时，应采取对焦优先的策略，以保证拍出清晰的画面。『焦距：70mm ¦光圈：F5 ¦快门速度：1/300s ¦感光度：ISO160』

AF-C 自定设置

"AF-C 自定设置"菜单用于设置在使用连续自动对焦模式时选择对焦跟踪类型。富士 X-H2s 相机提供了 1~5 个预设场合选项和 1 个可以自定义修改的选项，以满足拍摄对象以不同方式运动时对焦控制参数的选择与设置要求。

设置 1 多用途

此设置适用于拍摄一般运动场面，例如拍摄运动特征不明显或运动幅度较小的对象。

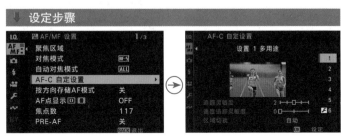

❶在 **AF/MF 设置**菜单中选择 **AF-C 自定设置**选项，然后按▶方向键

❷按▲或▼方向键选择所需序号选项，然后按 MENU/OK 按钮确认

设置 2 忽略障碍 & 继续追踪主体

选择此设置时，若主体脱离了对焦范围，或者对焦范围内有其他物体出现，相机将优先针对之前对焦的主体进行跟踪，从而避免主体移动或出现障碍时相机的对焦系统受到干扰。此设置适用于拍摄网球选手、蝶泳选手、自由式滑雪选手等持续运动的对象。

▶ 足球运动员的动作快慢不定，适合使用设置3。『焦距：300mm ¦ 光圈：F5.6 ¦ 快门速度：1/1000s ¦ 感光度：ISO800』

设置3 加速/减速主体

选择此设置时，若被摄对象出现突然加速或减速运动，则相机会倾向于随着对象运动速度的改变而自动进行追踪。此设置适用于拍摄足球、赛车、篮球等比赛的题材。

设置 4 突然出现的主体

选择此设置时，若对焦范围内出现新的物体，则相机会自动切换对焦主体，即针对新出现的物体进行对焦；当主体脱离对焦范围时，则可能会针对背景进行重新对焦。此设置用于拍摄赛车的起点/转弯、高山滑雪选手下坡等题材。

设置 5 不规律地移动并加速/减速主体

选择此设置时，若被摄对象出现向上、下、左、右的不规则运动，且移动速度迅速变化，相机会随之自动进行跟踪对焦。此设置适用于拍摄花样滑冰等题材。

设置 6 自定义

选择此设置,用户可以根据拍摄需求自定义数值,其中包括"追踪灵敏度""速度追踪灵敏度""区域切换"3个参数。

设定步骤

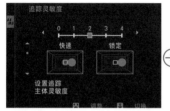

❶ 在 **AF/MF 设置** 菜单中选择 **AF-C 自定设置**选项,然后按▶方向键

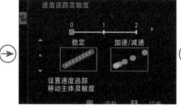

❷ 按▲或▼方向键选择 **6** 选项,然后按◀方向键

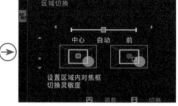

❸ 按▲或▼方向键选择要修改的选项并按 MENU/OK 按钮进入详细设置页

❹ 若在步骤❷中选择了**追踪灵敏度**选项,按◀或▶方向键选择所需的数值

❺ 若在步骤❷中选择了**速度追踪灵敏度**选项,按◀或▶方向键选择所需的数值

❻ 若在步骤❷中选择了**区域切换**选项,按◀或▶方向键选择所需的设定

● 追踪灵敏度:设置此参数的意义在于,当被摄对象前方出现障碍物时,通过设置此参数,让相机"选择"是忽略障碍对象继续跟踪对焦被摄对象,还是对新被摄体(即障碍对象)进行对焦拍摄。选择此选项后,可以拖动滑块向右边的"锁定"或左边的"快速"进行参数设置。当滑块位置偏向于"锁定"时,即使有障碍物进入自动对焦点范围,或者被摄对象偏移了对焦点,相机仍然会继续保持原来的对焦位置;反之,若滑块位置偏向于"快速"方向,障碍物出现后,相机的对焦点就会从原被摄对象离开,马上对焦在新的障碍物上。

● 速度追踪灵敏度:此参数用于设置当被摄对象突然加速或突然减速时相机的对焦灵敏度,数值越大,则当被摄对象突然加速或减速时,相机对其进行跟踪对焦的灵敏度越高。

● 区域切换:此参数可决定使用"区自动对焦"模式时优先的对焦区域。选择"中心"选项,在区自动对焦模式下,优先对焦于区域中央的被摄对象;选择"自动"选项,相机将首先锁定对焦区域中央的被摄对象,然后根据需要切换对焦区域以对其进行跟踪;选择"前"选项,将优先对焦于最靠近相机的被摄对象。

选择自动对焦区域模式

在确定自动对焦模式后，还需要指定自动对焦区域模式，以使相机的自动对焦系统在工作时"明白"应该使用多少个对焦点或什么位置的对焦点进行对焦。

在富士 X－H2s 相机中，摄影师可选择单点、区、广域／跟踪和全部 4 种自动对焦区域模式。

❶ 在 **AF/MF 设置**菜单中选择**自动对焦模式**选项，然后按▶方向键

❷ 按▲或▼方向键选择所需的选项，然后按 MENU/OK 按钮确定

▲ 选择正确的自动对焦区域模式，才能更好地完成对焦操作

单点自动对焦区域

在此模式下，摄影师可以手动选择对焦点的位置，使用 P、S、A、M 曝光模式拍摄时都可以手选对焦点。富士 X－H2s 相机提供了最多 425 个自动对焦点。当要拍摄的对象在一个复杂的环境中，如树枝上的小鸟、人物的眼睛，或者要拍摄的对象有准确合焦的要求时，则可以选择这些自动对焦区域模式。

▲ 在拍摄人像时，常常使用单点自动对焦区域模式对人物眼睛对焦，得到人物清晰而背景虚化的效果。『焦距：56mm ┊光圈：F3.2 ┊快门速度：1/100s ┊感光度：ISO400』

▲ 单点自动对焦区域示意图

区自动对焦区域

使用此对焦区域模式时，先在 LCD 显示屏上选择想要对焦的区域位置，对焦区域内包含数个对焦点，在拍摄时，相机将自动在所选对焦区范围内选择合焦的对焦框。此模式适合拍摄动作幅度不大的题材。

▲ 区自动对焦区域示意图

◀ 对于摆姿人像的拍摄，变换姿势幅度不大，可以使用区自动对焦区域模式进行拍摄。『焦距：150mm ┆光圈：F5 ┆快门速度：1/1600s ┆感光度：ISO125』

广域／跟踪自动对焦区域

选择此对焦区域模式后，在使用单次自动对焦模式（AF-S）半按快门进行对焦时，将由相机自己的智能判断系统决定当前拍摄的场景中哪个区域应该最清晰，从而利用相机可用的对焦点针对这一区域进行对焦。

而在连续自动对焦模式（AF-C）下，拍摄随时可能移动的动态主体（如宠物、儿童、运动员等）时，使用此模式可以锁定跟踪被摄体，从而在半按快门按钮期间，保持相机持续对焦被摄体。

▲ 广域／跟踪自动对焦区域示意图

▲ 拍摄儿童时，可以先尝试使用广域／跟踪自动对焦区域进行跟踪对焦。『焦距：120mm ┆光圈：F2.8 ┆快门速度：1/500s ┆感光度：ISO160』

高手点拨： 当使用此模式拍摄细小的或迅速移动的拍摄对象时，可能出现无法正确对焦的情况。另外，拍摄时要持续半按快门，以使相机持续保持跟踪对焦的状态。

全部自动对焦区域 ALL

此模式相当于摄影师放弃对焦选择，交由相机自动决定对哪里合焦，通常相机将自动合焦于距离最近、最明显的对象上。

在此模式下如果进入了对焦点选择模式，可以转动后指令拨盘按"单点""区""广域（对焦模式 AF–S）""跟踪（对焦模式 AF–C）"顺序，循环切换自动对焦区域模式。以方便摄影师在拍摄过程中根据被摄对象的运动状态，灵活切换对焦区域模式。

▲ 在对焦点选择模式下，将显示全部自动对焦点

手选对焦点 / 对焦区域的方法

在 P、A、S 及 M 模式下，"单点"和"区"自动对焦区域模式都支持手动选择对焦点或对焦区域，以便根据对焦需要进行选择。

在选择对焦点 / 对焦区域时，倾斜对焦棒可以在 8 个方向上设置对焦点的位置。如果按下对焦棒，则选择中央对焦点或中央对焦区。

另外，在单点自动对焦区域模式下，转动后指令拨盘可以选择 6 种对焦框大小，在区自动对焦区域模式下，转动后指令拨盘可以选择 3 种对焦框大小。

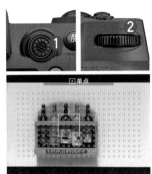

▶ 设定方法

倾斜对焦棒可以选择对焦点或对焦区域框的位置，转动后指令拨盘可以调整对焦框的大小。

◀ 采用单点自动对焦区域模式并手动选择对焦点拍摄，保证了对人物的灵魂眼睛进行准确的对焦。『焦距：50mm ┊ 光圈：F2.8 ┊ 快门速度：1/640s ┊ 感光度：ISO200』

灵活设置自动对焦点辅助功能

按方向存储 AF 模式

在切换不同的方向拍摄时，常常遇到的一个问题就是需要使用不同的自动对焦点。

在实际拍摄时，如果每次切换拍摄方向都重新选择对焦位置或对焦区域，无疑是非常麻烦的，利用"按方向存储 AF 模式"功能，可以实现在不同的方向拍摄时相机自动切换对焦位置和对焦区域的目的。

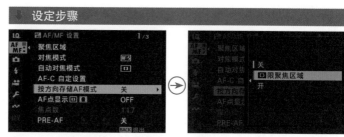

❶ 在 **AF/MF 设置**菜单中选择**按方向存储 AF 模式**选项，然后按▶方向键

❷ 按▲或▼方向键选择所需选项，然后按 MENU/OK 按钮确认

● 关：选择此选项，无论如何在横拍与竖拍之间进行切换，对焦模式和对焦区域的位置都不会发生变化。

● 限聚焦区域：选择此选项，在使用横向（风景方位）和竖向（人像方位）拍摄时，只可以分别记录对焦位置。

● 开：选择此选项，在使用横向（风景方位）和竖向（人像方位）拍摄时，可以分别选择对焦位置和对焦区域。

设置自动对焦点数量

虽然富士 X-H2s 相机提供了多达 425 个对焦点，但并非拍摄所有题材都需要使用全部的对焦点，我们可以根据实际拍摄需要选择可用的自动对焦点数量。

例如，在拍摄人像作品时，少量的对焦点就已经完全可以满足拍摄需求了，同时也可以避免由于对焦点过多，而导致手选对焦点过慢的问题。

高手点拨：此菜单仅当对焦区域模式选择为点、全部（ALL）时才可以被激活。建议将当对焦区域模式设置为"点"时，选择"425P(17x25)"选项，精确对焦。

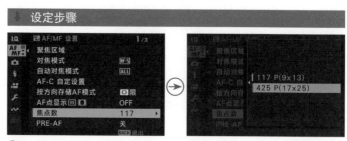

❶ 在 **AF/MF 设置**菜单中选择**焦点数**选项，然后按▶方向键

❷ 按▲或▼方向键选择所需选项，然后按 MENU/OK 按钮确认

人脸 / 眼部对焦优先设定

在拍摄人物时，通常需要对人眼进行对焦，从而让人物显得更有神采。但如果选择单点对焦区域模式，并将该对焦点调整到人物眼部进行拍摄，操作速度往往会比较慢。如果人物再稍有移动，可能还会造成对焦不准的情况。

使用富士 X-H2s 相机的脸部识别 / 眼睛识别功能，即可快速、准确地对焦到模特的脸部或者眼睛。

设定步骤

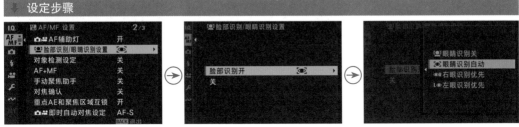

❶ 在 **AF/MF 设置**菜单中选择**脸部识别 / 眼睛识别设置**选项，然后按 ▶方向键

❷ 按▲或▼方向键选择**脸部识别开**选项，然后按▶方向键

❸ 按▲或▼方向键选择所需的选项，然后按 MENU/OK 按钮确认

● 眼睛识别关：选择此选项，相机仅智能识别画面中的脸部，并优先对所识别的面部对行对焦和曝光。

● 眼睛识别自动：选择此选项，当检测到脸部时，相机自动选择对焦于哪只眼睛。

● 右眼识别优先：选择此选项，当检测到脸部时，相机会优先对焦于所识别面部的右眼。

● 左眼识别优先：选择此选项，当检测到脸部时，相机会优先对焦于所识别面部的左眼。

● 关：选择此选项，相机将关闭智能脸部优先和眼睛优先功能。

拍摄位于自然环境中的人像时，启用人脸识别 / 眼睛识别功能，可以轻松获得人物对焦清晰的画面。焦距：80mm｜光圈：F5.6｜快门速度：1/500s｜感光度：ISO250

用自动对焦结合手动对焦功能精确对焦（AF+MF）

在拍摄距离较近、被摄对象较小或较难对焦的景物时，可以使用富士 X-H2s 相机的"AF+MF"功能。开启此功能后，在 AF-S 模式下，先是由相机自动对焦，再由摄影师手动对焦。即拍摄时可以先半按快门按钮进行自动对焦，然后在解除对焦锁定的情况下，转动镜头对焦环手动进行微调，完成精确对焦后，直接完全按下快门按钮完成拍摄。

❶ 在 **AF/MF 设置** 菜单中选择 **AF+MF** 选项，然后按▶方向键

❷ 按▲或▼方向键选择**开**或**关**选项，然后按 MENU/OK 按钮确认

对焦点显示

此菜单用于控制在区或广域/跟踪自动对焦模式下，是否显示全部对焦点。

● ON：选择此选项，将在屏幕上显示全部对焦点。

● OFF：选择此选项，不会在屏幕上显示自动对焦点，而只显示对焦区域框。

❶ 在 **AF/MF 设置** 菜单中选择 **AF 点显示** 选项，然后按▶方向键

❷ 按▲或▼方向键选择 **ON** 或 **OFF** 选项，然后按 MENU/OK 按钮确认

预先自动对焦

富士 X-H2s 相机可以在"PRE-AF"菜单中，设置在半按快门进行自动对焦前，是否先自动对画面进行对焦，使摄影师在半按快门时获得更快速的对焦速度，因此对于抓拍非常有效。

开启此功能后，由于相机始终处于对焦状态，因此电池电量消耗也会更快。

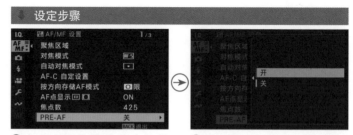

❶ 在 **AF/MF 设置** 菜单中选择 **PRE-AF** 选项，然后按▶方向键

❷ 按▲或▼方向键选择**开**或**关**选项，然后按 MENU/OK 按钮确认

手动对焦实现准确对焦

当拍摄下面所列的对象时，相机的自动对焦系统往往无法准确对焦，此时应该使用手动对焦功能。

● 画面主体处于杂乱的环境中，例如拍摄杂草后面的花朵等。

● 高对比、低反差的画面，例如拍摄日出、日落等。

● 在弱光环境下进行拍摄，例如拍摄夜景、星空等。

● 距离太近的题材，例如拍摄昆虫、花卉等。

● 主体被其他景物覆盖，例如拍摄动物园笼子里面的动物、鸟笼中的鸟等。

● 对比度很低的景物，例如拍摄蓝天、墙壁等。

● 距离较近且相似程度又很高的题材，例如旧照片翻拍等。

▶ 设定方法

在默认设置下，按下 Fn3 按钮可以显示对焦模式界面，按▲跟▼方向键选择 MF 手动对焦模式，在手动模式下，移动镜头上的对焦环进行对焦。

Q：图像模糊不聚焦或锐度较低如何处理？

A：出现这种情况，可以从以下 3 个方面进行检查。

1. 确定按快门按钮时相机是否产生了移动。按快门按钮时要确保相机稳定，尤其是在拍摄夜景或在黑暗的环境中拍摄时，快门速度应高于正常拍摄条件下的快门速度。应尽量使用三脚架或遥控器，以确保拍摄时相机保持稳定。

2. 确定镜头和主体之间的距离是否超出了相机的对焦范围。如果超出了相机的对焦范围，应该调整主体和镜头之间的距离。

3. 确定自动对焦点是否覆盖了主体。相机会对焦自动对焦点覆盖的主体，如果自动对焦点无法覆盖主体，可以利用对焦锁定功能来解决。

▲ 逆光下拍摄蜘蛛，由于蜘蛛体形较小，且拍摄环境较为杂乱，因此选择使用手动对焦模式，对蜘蛛进行精确对焦，确保其清晰对焦。『焦距：100mm ┊光圈：F6.3 ┊快门速度：1/640s ┊感光度：ISO200』

辅助手动对焦的菜单功能

使用"对焦确认"辅助手动对焦

"对焦确认"功能的作用是在手动对焦模式下，确认在电子取景器或 LCD 显示屏中是否可以放大照片，以辅助摄影师进行对焦。

选择"开"选项时，只要转动对焦环调节对焦，取景器或 LCD 显示屏中的画面就会被自动放大，旋转后指令拨盘可继续放大画面，按下其中央位置可使画面恢复到正常比例。

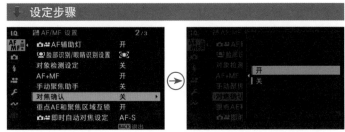

❶ 在 **AF/MF 设置**菜单中选择**对焦确认**选项，然后按▶方向键

❷ 按▲或▼方向键选择**开**或**关**选项，然后按 MENU/OK 按钮确认

使用"手动聚焦助手"辅助手动对焦

当使用液晶显示屏或电子取景器构图时，"手动聚焦助手"功能可在手动对焦模式下辅助摄影师确认对焦。

● 关：选择此选项，需手动转动对焦环直至图像清晰显示。

● 数码裂像屏：选择此选项，将在画面中心显示一张分割黑白或彩色的图像。拍摄时旋转对焦环直至分割图像变清晰并准确对齐。

● 数字微棱镜：选择此选项，将在画面中显示马赛克图像。拍摄时旋转对焦环直至图像变清晰。

● 峰值对焦：选择此选项，当被摄对象对焦清晰时，其轮廓将高亮显示所选的色彩。拍摄时注意选择与拍摄主体反差较大的色彩，旋转对焦环直至其边缘出现标示色彩。

❶ 在 **AF/MF 设置**菜单中选择**手动聚焦助手**选项，然后按▶方向键

❷ 按▲或▼方向键选择所需的选项

❸ 当选择了**数码裂像屏**或**峰值对焦**选项时，还可以进一步进行设置

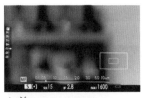

▲ 关

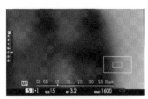

▲ "数字微棱镜"对焦示例

▲ "数码裂像屏"对焦示例

▲ "峰值对焦"对焦示例

设置不同驱动模式拍摄运动或静止的对象

针对不同的拍摄任务，需要将快门设置为不同的驱动模式。例如，在抓拍高速移动的物体时，为了保证成功率，可以将相机设置为按下一次快门后，能够连续拍摄多张照片的连拍模式。

富士 X-H2s 相机提供了静态图像、高速连拍、通道高速连拍（1.25X 裁剪）、低速连拍、ISO 包围、白平衡包围、包围BKT、HDR、全景、多重曝光等驱动模式。

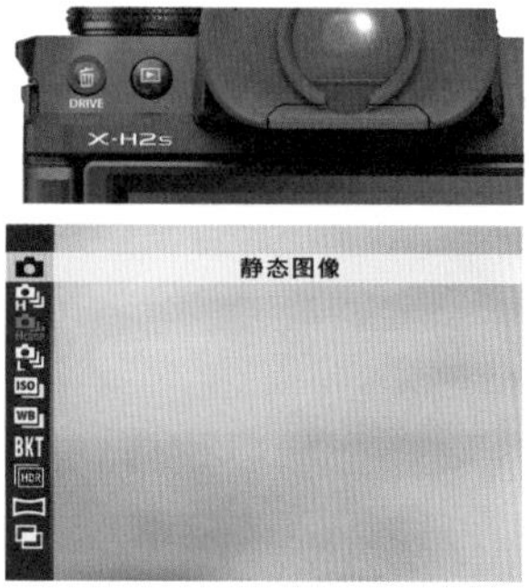

设定方法

按下 DRIVE 按钮，选择静态图像图标。

单幅画面模式

在此模式下，每次按下快门时都只拍摄一张照片。单幅画面模式适合拍摄静态对象，如风光、建筑、静物等题材。

▲ 使用单幅画面驱动模式拍摄的部分题材列举

连拍模式

在连拍模式下，每次从按下快门开始，直至释放快门为止，将连续拍摄多张照片。连拍模式在运动人像、动物、新闻、体育等题材中运用较为广泛，以便于记录精彩的瞬间。在拍摄完成后，从其中选择效果最佳的一张或多张即可，或者通过连拍获得一系列生动有趣的组照。

富士 X-H2s 相机提供了高速连拍和低速连拍两种模式，在高速模式下最高可以达到约 40 张 / 秒（仅限电子快门），在低速模式下的拍摄速度最高可以达到 8 张 / 秒，可根据被摄对象的运动幅度选择相应的连拍模式。

需要指出的是，与其他相机不同，富士 X-H2s 相机还提供了一种名称为"通道高速连拍"的模式，可以 1.25 倍裁剪的画幅实现最高约 40 张 / 秒（仅限电子快门）的连拍效果。这一功能对鸟类、动物等摄影群体非常有用。例如，当使用 200mm 焦距镜头拍摄时，可以使用这一功能获得 250mm 焦距镜头的近摄效果，同时连拍速度仍然维持在最高 40 张 / 秒。

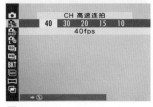

▶ 设定方法

按下 DRIVE 按钮，按▲或▼方向键选择所需的连拍模式。

▲ 使用高速连拍驱动模式抓拍两个女孩打闹的精彩画面。

Q：为什么相机能够连续拍摄？

A：因为富士 X-H2s 相机有临时存储照片的内存缓冲区，因而在记录照片到存储卡的过程中可继续拍摄，受内存缓冲区大小的限制，最多可持续拍摄照片的数量是有限的。

Q：在弱光环境下，连拍速度是否会变慢？

A：连拍速度在以下情况可能变慢：当相机剩余电量较低时，连拍速度会下降；在连续自动对焦模式下，因主体和使用的镜头不同，连拍速度可能下降；当选择了"降噪功能"或在弱光环境下拍摄时，即使设置了较高的快门速度，连拍速度也可能变慢。

Q：连拍时快门为什么会停止释放？

A：在最大连拍数量少于正常值时，如果相机在中途停止连拍，可能是"降噪功能"被设置为较高数值导致的，因为当启用"降噪功能"时，相机将花费更多的时间进行降噪处理，因此将数据转存到存储空间的耗时会更长，相机在连拍时更容易被中断。

设定步骤

❶ 在**拍摄设置**菜单中选择 **DRIVE设置**选项，然后按▶方向键

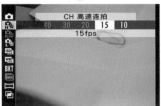

❷ 按▲或▼方向键选择 **CH 高速连拍**选项，然后按▶方向键

高手点拨：如果高速连拍不可选，要使用电子快门。

包围曝光

包围曝光是指通过设置一定的曝光变化范围，然后分别拍摄曝光不足、曝光正常与曝光过度3张照片的拍摄技法。例如，将其设置为±1EV，即代表分别拍摄减少1挡曝光、正常曝光和增加1挡曝光的3张照片，从而兼顾画面的高光、中间调及暗调区域的细节。富士X-H2s相机支持在1/3EV~3EV之间调节包围曝光。

什么情况下应该使用包围曝光

如果拍摄现场的光线很难把握，或者拍摄的时间很短暂，为了避免曝光不准确而失去这次难得的拍摄机会，可以使用包围曝光功能来确保万无一失。此时可以通过设置包围曝光，使相机针对同一场景连续拍摄出3张曝光量略有差异的照片。每一张照片曝光量具体相差多少，可由摄影师自己确定。在具体拍摄过程中，摄影师无须调整曝光量，相机将根据设置自动在第一张照片的基础上增加、减少一定的曝光量拍摄出另外两张照片。

按此方法拍摄出来的3张照片中，总会有一张是曝光相对准确的照片，因此使用包围曝光功能能够提高拍摄的成功率。

此外，对于风光、建筑等题材，可以使用包围曝光功能拍摄出不同曝光结果的照片，并在后期进行HDR合成，从而得到高光、中间调及暗调都具有丰富细节的HDR效果照片。

自动曝光包围设置

用富士X-H2s相机的包围曝光功能最多可以拍摄9张照片，操作时可以按DRIVE按钮，也可以按下面展示的步骤进行设置。

设定步骤

❶ 在**拍摄设置**菜单中选择 DRIVE **设置**选项，然后按▶方向键

❷ 按▲或▼方向键选择 BKT 选项，然后选择**自动曝光包围**选项

❸ 按▲或▼方向键选择所需选项，然后按▶方向键设置参数

❹ 在**帧/步设置**菜单中可以设置包围拍摄的总张数，以及每两张照片之间的级差

❺ 在 1**帧/连续**菜单中可以设置是只拍一次包围曝光照片，还是连续一直拍摄包围曝光照片

❻ 在**序列设置**菜单中可以设置拍摄时照片的顺序

使用 CameraRaw 合成 HDR 照片

在本例中，由于环境的光比较大，因此拍摄了 4 张不同曝光的 RAW 格式照片，以分别显示出高光、中间调及暗部的细节，然后按下述步骤在 Adobe CameraRaw 中合成 HDR 照片。

❶ 在Photoshop中打开要合成HDR的4张照片，并启动CameraRaw软件。

❷ 在左侧列表中任意选中一张照片，按Ctrl+A组合键选中所有的照片。按Alt+M组合键，或者单击列表右上角的菜单按钮☰，在弹出的菜单中选择"合并到HDR"选项。

❸ 在经过一定的处理过程后，将显示"HDR合并预览"对话框，通常情况下，以默认参数进行处理即可。

❹ 单击"合并"按钮，在弹出的对话框中选择文件保存的位置，并以默认的DNG格式进行保存，保存后的文件会与之前的素材一起显示在左侧的列表中。

❺ 至此，HDR合成已经完成，摄影师可根据需要，在其中适当调整曝光及色彩等属性，直至满意为止。

▲ 选择"合并到 HDR"选项

▲ "HDR 合并预览"对话框

直接拍摄 HDR 效果照片

要获得 HDR 效果照片，除了使用前面所讲述的包围曝光拍摄方法，还可以按下驱动按钮，然后按▲或▼方向键选择 HDR 驱动模式。

但在使用时，要结合此拍摄模式的菜单。所拍摄场景的明暗反差越大，越应该选择更高的百分比，但此时照片中的噪点及斑点越明显。

设定步骤

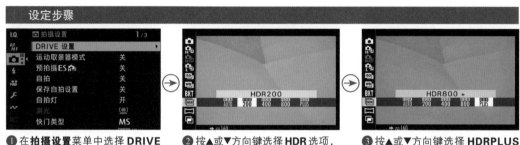

❶ 在**拍摄设置**菜单中选择 **DRIVE 设置**选项，然后按▶方向键

❷ 按▲或▼方向键选择 **HDR** 选项，然后按▶方向键

❸ 按▲或▼方向键选择 **HDRPLUS** 选项，然后按 MENU/OK 按钮确认

设置自拍模式以便自己拍摄或合影

在自拍模式下，可以选择2秒定时和10秒定时两个选项，即在按下快门按钮后，分别于2秒和10秒后进行自动拍摄。

这种拍摄模式特别适合自拍、合影，最好将相机置于稳定的物体上拍摄，以避免手持相机或手动按下快门时产生震动而导致照片模糊。

设定方法

按下**Q**按钮显示快速菜单，按▲、▼、◄、►方向键选择自拍选项，然后转动后指令拨盘选择2秒或10秒进行自拍。

设定步骤

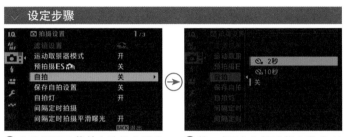

❶ 在**拍摄设置**菜单中选择**自拍**选项，然后按►方向键

❷ 按▲或▼方向键选择**2秒**或**10秒**选项，然后按 MENU/OK 按钮确认

当按下快门按钮后，若启用了"自拍功能嘟嘟声音量"功能，自拍指示灯将开始闪烁并且发出提示声音，直到相机自动拍摄为止。

设定步骤

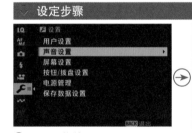

❶ 在**设置**菜单中选择**声音设置**选项，然后按►方向键

❷ 按▲或▼方向键选择**自拍功能嘟嘟声音量**选项，然后按►方向键

❸ 按▲或▼方向键选择音量或**关**选项，然后按 MENU/OK 按钮确认

◄ 将相机放在固定的物体上，然后设置好10秒的时间进行自拍，一个人也可以拍摄自己的照片。『焦距：35mm ┆光圈：F8 ┆快门速度：1/200s ┆感光度：ISO160』

设置测光模式以获得准确的曝光

要想准确曝光，前提是必须做到准确测光，在使用除手动及 B 门以外的所有曝光模式拍摄时，都需要根据测光模式确定曝光组合。例如，在光圈优先曝光模式下，指定了光圈及 ISO 感光度数值后，可根据不同的测光模式确定快门速度值，以满足准确曝光的需求。因此，选择一个合适的测光模式，是获得准确曝光的重要前提。

设定步骤

❶ 在**拍摄设置**菜单中选择**测光**选项，然后按▶方向键

❷ 按▲或▼方向键选择所需的测光模式选项，然后按 MENU/OK 按钮确认

▶ 设定方法

按下向上方向键，即可选择不同的测光模式

多重测光 ▨

多重测光是最常用的测光模式。当使用此测光模式拍摄时，相机会将画面分为多个区域，并针对各个区域进行测光，然后相机将得到的测光数据进行加权平均，以得到适用于整个画面的曝光参数。

这种测光模式适合拍摄画面亮度均匀且无明暗反差的场景，如风光、建筑题材。

▲ 使用多重测光模式拍摄的风景照片，画面中没有明显的明暗对比，可以获得曝光正常的画面效果。『焦距：28mm ┆ 光圈：F8 ┆ 快门速度：1/4s ┆ 感光度：ISO320』

平均测光模式【 】

在平均测光模式下，相机将测量整个画面的平均亮度。与多重测光模式相比，此模式的优点是能够为多次拍摄持续保持画面整体的曝光不变。即使在光线较为复杂的环境中拍摄，使用此模式也能使照片的曝光更加协调。

▲ 当使用屏幕平均测光模式拍摄风光时，在小幅度改变构图的情况下，曝光可以保持在一个稳定的状态。『焦距：18mm┊光圈：F8┊快门速度：1/125s┊感光度：ISO100』

中心加权测光【◉】

在中心加权测光模式下，测光会偏向画面的中央部位，但也会同时兼顾其他部分。由于测光时能够兼顾其他区域的亮度，因此该模式既能实现画面中央区域的精准曝光，又能保留部分背景的细节。

这种测光模式适合拍摄主体位于画面中央位置的场景，如人像、建筑物、背景较亮的逆光对象等。

▲ 人物处于画面的中心位置，使用中心加权测光模式，可以使画面中的主体人物获得准确的曝光。『焦距：70mm┊光圈：F2.8┊快门速度：1/640s┊感光度：ISO100』

点测光 ⊡

点测光也是一种高级测光模式,相机只对画面中央区域的很小部分(整个画面约2.0% 的区域)进行测光,因此具有相当高的准确性。当主体和背景的亮度差较大时,尤其是拍摄剪影照片,最适合使用点测光模式拍摄。由于点测光的测光面积非常小,在实际使用时,一定要准确地将测光点(中央对焦点或所选择的对焦点)对准在要测光的对象上。

此外,在拍摄人像时也常采用这种测光模式,将测光点对准在人物的面部或其他皮肤位置,即可使人物的皮肤获得准确曝光。

▲ 使用点测光对天空的亮部进行测光,锁定曝光后重新构图,拍出舞者的优美体态。『焦距:120mm ┆光圈:F6.3 ┆快门速度:1/640s ┆感光度:ISO400 』

设置对焦点与测光点联动

在单点对焦区域模式下,如果将测光模式设置为点测光模式,并开启"重点 AE 和聚焦区域互锁"功能,可以使测光区域与对焦点联动,即对焦点在哪里,点测光区域就会移动至哪里。例如,在拍摄全景人像时,合焦点可以放在面部,用此功能即可得到面部曝光正确且又十分清晰的照片。

❶ 在 **AF/MF 设置**菜单中选择**重点 AE 和聚焦区域互锁**选项,然后按▶方向键

❷ 按▲或▼方向键选择**开**或**关**选项,然后按 MENU/OK 按钮确认

第 4 章
活用曝光模式轻松拍
出好照片

程序自动曝光模式

在此拍摄模式下，相机会基于一套算法来确定光圈与快门速度组合。通常相机会自动选择一个适合手持拍摄并且不受相机抖动影响的快门速度，同时还会调整光圈以得到合适的景深，确保所有景物都能清晰呈现。

使用程序自动曝光模式拍摄时，摄影师仍然可以设置 ISO 感光度、白平衡、曝光补偿等参数。此模式的最大优点是操作简单、快捷，适合拍摄快照或那些不用十分注重曝光控制的场景，例如新闻、纪实摄影或进行偷拍、自拍等。

在实际拍摄中，相机自动选择的曝光设置未必是最佳组合。例如，摄影师可能认为按此快门速度进行手持拍摄不够稳定，或者希望使用更大的光圈，此时可以利用程序偏移功能进行调整。

在 P 模式下，先半按快门按钮，然后转动主拨盘直到显示所需要的快门速度或光圈数值。虽然光圈与快门速度数值发生了变化，但这些数值组合在一起仍然能够获得同样的曝光量。

在 P 模式下，旋转前指令拨盘可以选择不同的快门速度与光圈组合，虽然光圈与快门速度的数值发生了变化，但这些快门速度与光圈组合都可以得到同样的曝光量。若要取消程序切换，则关闭相机即可。

▶ 设定方法

将模式拨盘旋转至 P 模式，屏幕中将显示 P。在 P 模式下，可旋转前指令拨盘选择快门速度与光圈的其他组合。

▶ 使用程序自动模式时无须设置光圈、快门速度，因此在抓拍或拍摄纪实类题材时显得非常方便，拿起相机即可直接拍摄，不用担心出现曝光问题。『焦距：100mm ¦ 光圈：F5.6 ¦ 快门速度：1/500s ¦ 感光度：ISO200』

高手点拨：按下拍摄模式拨盘锁定按钮解锁拨盘之后，才可以旋转拍摄模式拨盘选择相应的模式。

快门优先曝光模式

在富士 X–H2s 相机的快门优先模式下，用户可以在 1/8000~30s（X–T30 相机为 1/4000~30s）之间选择快门速度，然后相机会自动计算光圈的大小，以获得正确的曝光组合。

较高的快门速度可以凝固运动主体的动作或精彩瞬间，如运动的人物或动物、行驶的汽车、飞溅的浪花等；较慢的快门速度可以形成模糊效果，从而产生动感效果，如夜间的车流、如丝般的流水等。

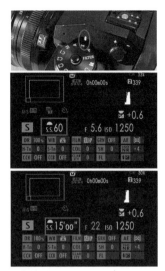

▲ 使用快门优先曝光模式并设置较高的快门速度，抓拍到跨越太阳的精彩瞬间。『焦距：100mm ┆光圈：F16 ┆快门速度：1/1600s ┆感光度：ISO200 』

▶ 设定方法

将模式拨盘旋转至 S 模式，屏幕中将显示 S。在 S 模式下，可以通过旋转前指令拨盘，以 1/3EV 为步长微调快门速度值，最长可以获得 15 分钟曝光时长。

▲ 用快门优先曝光模式将溪水拍出如丝般柔顺的效果。『焦距：17mm ┆光圈：F14 ┆快门速度：1/2s ┆感光度：ISO100 』

高手点拨：若在所选快门速度下无法获得正确的曝光，光圈将显示为红色。

光圈优先曝光模式

在光圈优先曝光模式下，相机会根据当前设置的光圈大小自动计算出合适的快门速度。使用光圈优先曝光模式可以控制画面的景深，在同样的拍摄距离下，光圈越大，则景深越小，即画面中的前景、背景的虚化效果就越好；反之，光圈越小，则景深越大，即画面中的前景、背景的清晰度就越高。

📷 设定方法

将模式拨盘旋转至 A 模式，将镜头光圈刻度旋转至 A 的位置，即为光圈优先模式。在 A 模式下，可以旋转镜头光圈环选择光圈值，如果镜头不配备光圈环或光圈环处于 A 位置，则旋转前指令拨盘调整光圈值。

▲ 使用光圈优先曝光模式并配合大光圈，可以得到非常漂亮的背景虚化效果，这也是人像摄影中很常见的一种表现形式。『焦距：85mm ┆ 光圈：F2 ┆ 快门速度：1/200s ┆ 感光度：ISO160』

高手点拨：当镜头光圈刻度上的 A 没有对焦白线时，旋转前指令拨盘无法改变光圈值。换言之，此时的光圈值由镜头上的光圈刻度决定。

▲ 使用小光圈拍摄风光，画面有足够大的景深，前景与后景都能清晰呈现。『焦距：24mm ┆ 光圈：F18 ┆ 快门速度：1/250s ┆ 感光度：ISO100』

高手点拨：若在所选的光圈下无法获得正确的曝光，快门速度将显示为红色。

高手点拨：当光圈过大而导致快门速度超出了相机的极限时，如果仍然希望保持该光圈，可以尝试降低ISO感光度，或者使用中灰滤镜减少光线的进入量，从而保证画面曝光准确。

手动曝光模式

手动曝光模式的优点

在手动曝光模式下，所有拍摄参数都需要摄影师手动进行设置，使用此模式拍摄有以下优点。

首先，使用 M 挡手动曝光模式拍摄时，当摄影师设置好恰当的光圈、快门速度数值后，即使移动镜头进行再次构图，光圈与快门速度的数值也不会发生变化。

其次，使用其他曝光模式拍摄时，往往需要根据场景的亮度，在测光后进行曝光补偿操作；而在 M 挡手动曝光模式下，由于光圈与快门速度的数值都是由摄影师设定的，在设定的同时就可以将曝光补偿考虑在内，从而省略了测光后曝光补偿的设置过程。因此，在手动曝光模式下，摄影师可以按自己的想法让影像曝光不足，以使照片显得较暗，给人忧伤的感觉；或者让影像稍微过曝，拍摄出明快的照片。

另外，当在摄影棚拍摄并使用频闪灯或外置非专用闪光灯时，由于无法使用相机的测光系统，而需要使用测光表或通过手动计算来确定正确的曝光值，此时就需要手动设置光圈和快门速度，从而实现正确的曝光。

▶ 设定方法

将模式拨盘旋转至 M 即为手动曝光模式。在 M 手动曝光模式下，旋转前指令拨盘选择快门速度，旋转镜头光圈环以选择光圈。

▲ 在影楼中拍摄人像常使用全手动曝光模式，由于光线稳定，基本上不需要调整光圈和快门速度，只需要改变焦距和构图即可

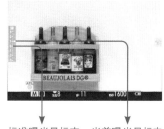

标准曝光量标志   当前曝光量标志

高手点拨：在改变光圈或快门速度时，曝光量标志会左右移动，当曝光量标志位于标准曝光量标志的位置时，便能获得相对准确的曝光。

在手动曝光模式下预览曝光和白平衡

在手动曝光模式下，当改变曝光补偿和白平衡时，通常可以在 LCD 显示屏中即刻观察到这些设置的改变对照片的影响，以正确评估照片是否需要修改或如何修改这些拍摄设置。

但如果不希望这些拍摄设置影响 LCD 显示屏中显示的照片，可以通过"手动模式下预览曝光 / 白平衡"菜单关闭此功能。

● 预览曝光 / 白平衡：选择此选项，则在手动曝光模式下修改曝光参数与白平衡时，LCD 显示屏将即刻显示出该设置对照片的影响。

● 预览白平衡：选择此选项，则 LCD 显示屏仅反映手动曝光模式下修改白平衡设置对照片的影响。

● 关：选择此选项，则禁用手动曝光模式下的曝光和白平衡预览。

设定步骤

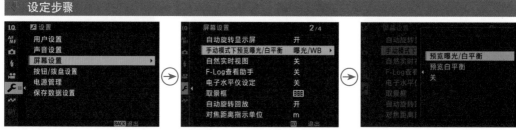

❶ 在**设置**菜单中选择**屏幕设置**选项，然后按▶方向键

❷ 按▼或▲方向键选择**手动模式下预览曝光 / 白平衡**选项，然后按▶方向键

❸ 按▼或▲方向键选择所需选项，然后按 MENU/OK 按钮确认

设置"自然实时视图"以预览效果

"自然实时视图"与上面菜单的功能类似，不同的是它不限于手动曝光模式，并且可以控制 LCD 显示屏中显示胶片模拟、白平衡及其他设定的效果。

● 开：此选项用于在低对比度、背光场景及其他难以看清的被摄对象阴影细节的拍摄场景下，使 LCD 更清晰地显示被拍摄场景，因此显示屏中画面的色彩和色调将与最终照片有所不同。此时，显示屏不显示胶片模拟、白平衡等效果，但可以显示创意滤镜，以及黑白、棕褐色效果。

● 关：选择此选项，可以在显示屏中预览胶片模拟、白平衡及其他设定的效果，通常建议保持选择此选项。

设定步骤

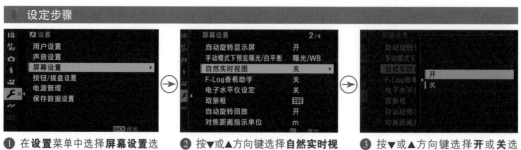

❶ 在**设置**菜单中选择**屏幕设置**选项，然后按▶方向键

❷ 按▼或▲方向键选择**自然实时视图**选项，然后按▶方向键

❸ 按▼或▲方向键选择**开**或**关**选项，然后按 MENU/OK 按钮确认

B 门曝光模式

当使用 B 门模式拍摄时，持续地完全按下快门按钮将保持快门打开，直到松开快门按钮时快门才被关闭，即完成整个曝光过程，因此曝光时间取决于快门按钮被按下与被释放的过程。B 门模式特别适合拍摄光绘、天体、焰火等需要长时间曝光并手动控制曝光时间的题材。为了避免画面模糊，当使用 B 门模式拍摄时，应该使用三脚架及遥控快门线。

由于曝光时间长度与噪点数量成正比等原因，富士 X-H2s 相机在 B 门模式下，快门最长仅可保持 60 分钟开启状态。

高手点拨：当将快门驱动模式设置为"静态图像"以外的其他驱动模式，或者将"快门类型"设置为电子快门时，无法使用 B 门。

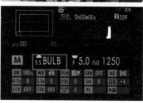

▶ 设定方法

将模式拨盘旋转至 M 模式，再旋转前指令拨盘至屏幕显示 BULB，即可切换至 B 门曝光模式

◀ 拍摄光绘摄影作品也需要使用 B 门曝光模式。『焦距：24mm ┊光圈：F13 ┊快门速度：50s ┊感光度：ISO200』

▲ 这样的星轨照片实际上并不是一次曝光得到的，而是先用 B 门拍摄一系列照片，然后在后期处理软件中使用堆栈功能合成出来的。『焦距：17mm ┊光圈：F7.1 ┊快门速度：20s ┊感光度：ISO2000』

自定义拍摄模式 C1~C7

自定义拍摄模式是指，摄影师可以针对不同的拍摄题材，将常用的拍摄参数保存在相机顶部模式拨盘上的 C1~C7 中。

使用其中任何一种自定义模式，相机都会调取其中保存的拍摄参数进行拍摄，可自定义的拍摄参数包括拍摄模式、ISO 感光度、自动对焦模式、自动对焦点、测光模式、图像画质和白平衡等。

例如，若经常需要拍摄夜景，则可以将拍摄模式设置为 B 门、开启长时间曝光降噪功能、将色温调整至 3500K，并将这些参数定义给 C1。下次再拍摄同样的场景时，只需要切换至 C1 曝光模式，即可调出这组参数，轻松拍出画面纯净、灯光璀璨的蓝调夜景。

在刚刚开始学习摄影时，可以请摄影高手先预设好 7 组常拍题材的拍摄参数，遇到对应的拍摄题材，只需切换自定义拍摄模式，也就能快速拍出好照片，并在实战中领会这些参数的作用。

注册自定义拍摄模式

要注册自定义拍摄模式，先在相机中设定各种拍摄参数，如拍摄模式、曝光组合、自动对焦模式、白平衡、测光模式、驱动模式、曝光补偿量等，然后按下面所示的步骤进行操作即可。

⬇ 设定步骤

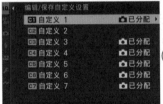

❶ 在**图像质量设置**菜单中选择**编辑 / 保存自定义设置**选项，然后按▶方向键

❷ 按▼或▲方向键要保存的自定义项目，然后按▶方向键

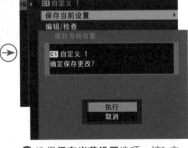

❸ 选择**保存当前设置**选项，按▶方向键后，选择**执行**选项

自动更新设置

在"自动更新自定义设置"菜单中选择"启用"后，则在使用自定义拍摄模式时，用户所修改的参数将自动保存至当前的自定义拍摄模式中。

对于初学者建议设置此选项为"禁用"。

⬇ 设定步骤

❶ 在**图像质量设置**菜单中选择**自动更新自定义设置**选项，然后按▶方向键

❷ 按▼或▲方向键选择**启用**或禁用选项，然后按 MENU/OK 按钮确认

保存或重置自定义模式参数

如果在使用 C1~C7 自定义模式时，对拍摄参数做出了修改，则可以根据需要选择是使用新的参数覆盖原记录的参数，还是撤销修改，将参数恢复至最初始的状态。

设定步骤

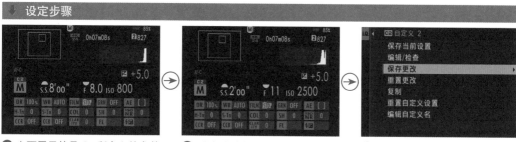

❶ 上面展示的是 C2 所定义的参数

❷ 随意修改快门、光圈与感光度后参数如上图

❸ 按上一页步骤进入自定义模式设置界面，选择**保存更改**选项

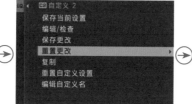

❹ 选择**执行**选项，则可以用第 2 步修改的参数覆盖原参数

❺ 如果在第 3 步中选择**重置更改**选项

❻ 选择**执行**选项，则可以取消第 2 步修改的参数，使 C2 参数恢复至第 1 步所显示的参数

将自定义模式设定为摄影或视频

保存在 C1~C7 中的参数即可用于拍摄照片，亦可用于拍摄视频。换言之，同样一组参数，可以根据需要应用在两种拍摄场景中，要实现这一功能需要使用"自定义模式设定"菜单。

设定步骤

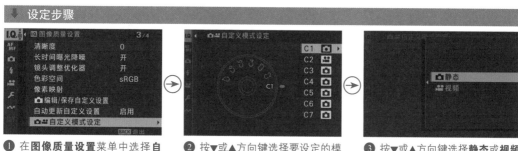

❶ 在**图像质量设置**菜单中选择**自定义模式设定**选项，然后按▶方向键

❷ 按▼或▲方向键选择要设定的模式序号，然后按▶方向键

❸ 按▼或▲方向键选择**静态**或**视频**选项，然后按 MENU/OK 按钮确认

第5章
拍出佳片必会的高级
曝光设置

通过直方图判断曝光是否准确

直方图的作用

　　直方图是相机曝光所捕获的影像色彩或影调的信息，是一种能够反映照片曝光情况的图示。

　　通过查看直方图所呈现的信息，可以帮助拍摄者判断曝光情况，并以此做出相应调整，以得到最佳曝光效果。另外，当采用即时取景模式拍摄时，通过直方图可以检测画面的成像效果，给拍摄者提供重要的曝光信息。

　　很多摄影师都会陷入这样一个误区，就是看到显示屏上的影像很棒，便以为真正的曝光结果也会不错，但事实并非如此。

　　这是由于很多相机的显示屏处于出厂时的默认状态，对比度和亮度都比较高，令摄影师误以为拍摄到的影像很漂亮，倘若不看直方图，往往会感觉画面的曝光正合适，但在计算机屏幕上观看时，却发现有些暗部层次丢失了，即使使用后期处理软件挽回部分细节，效果也不是太好。

　　因此，在拍摄时要随时查看照片的直方图，这是唯一值得信赖的判断照片曝光是否正确的依据。

▶ 操作方法

在拍摄时要想查看直方图，可按 DISP/BACK 按钮直至显示直方图界面。

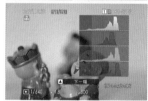

▶ 操作方法

在机身上按 ▶ 按钮播放照片，然后按 DISP/BACK 按钮直至显示直方图界面。

▲ 直方图呈现出山峰一样的形态，主峰位于中间调区域，且不存在死黑或死白区域，说明此照片曝光正常。『焦距：85mm ┊ 光圈：F11 ┊ 快门速度：1/300s ┊ 感光度：ISO160 』

高手点拨：直方图只是我们判断照片曝光是否准确的重要依据，而非评价照片优劣的依据。因为在特殊的表现形式下，曝光过度或曝光不足都可以呈现出独特的视觉效果。

利用直方图分区判断曝光情况

下面这张图标示出了直方图每个分区和图像亮度之间的关系，像素堆积在直方图左侧或者右侧边缘，意味着部分图像是超出直方图范围的。其中右侧边缘出现黑色线条表示照片中有部分像素曝光过度，摄影师需要根据情况调整曝光参数，以避免照片中出现大面积曝光过度的区域。如果第 8 分区或者更高的分区有大量黑色线条，代表图像有部分较亮的高光区域，而且这些区域是有细节的。

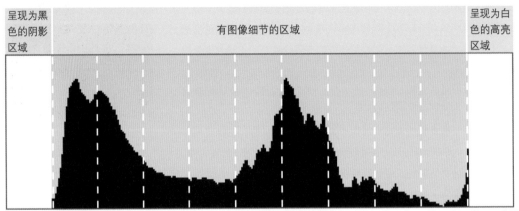

▲ 数码相机的区域系统

分区序号	说明	分区序号	说明
0分区	黑色	第6分区	色调较亮，色彩柔和
第1分区	接近黑色	第7分区	明亮、有质感，但是色彩有些苍白
第2分区	有些许细节	第8分区	有少许细节，但基本上呈模糊、苍白的状态
第3分区	细节呈现效果不错，但是色彩比较灰暗、模糊	第9分区	接近白色
第4分区	色调和色彩都比较暗	第10分区	纯白色
第5分区	中间色调、中间色彩		

▲ 直方图分区说明表

要注意的是，第 0 分区和第 10 分区分别指黑色和白色，虽然看起来大小与第 1~9 区相同，但实际上它只是代表直方图最左边（黑色）和最右边（白色），没有限定的边界。

认识 3 种典型的直方图

　　直方图的横轴表示亮度等级（从左至右对应从黑到白），纵轴表示图像中各种亮度像素数量的多少，峰值越高，则表示这个亮度的像素数量越多。

　　所以，拍摄者可通过观看直方图的显示状态来判断照片的曝光情况，若出现曝光不足或曝光过度，调整曝光参数后再进行拍摄，即可获得一张曝光准确的照片。

曝光过度的直方图

　　当照片曝光过度时，画面中会出现大片白色区域，很多亮部细节都丢失了，反映在直方图上就是像素主要集中于横轴的右端（最亮处），并出现像素溢出现象，即高光溢出，而左侧较暗的区域则几乎无像素分布，故该照片在后期无法补救。

曝光准确的直方图

　　当照片曝光准确时，画面的影调较为均匀，且高光、暗部和阴影处均无细节丢失，反映在直方图上就是在整个横轴上，从最黑的左端到最白的右端都有像素分布，后期可调整的余地较大。

曝光不足的直方图

　　当照片曝光不足时，画面中会出现无细节的黑色区域，丢失了过多的暗部细节，反映在直方图上就是像素主要集中于横轴的左端（最暗处），并出现像素溢出现象，即暗部溢出，而右侧较亮区域少有像素分布，故该照片在后期也无法补救。

▲ 曝光过度

▲ 曝光准确

▲ 曝光不足

辩证地分析直方图

在使用直方图判断照片的曝光情况时，不能生搬硬套前面所讲述的理论，因为高调或低调照片的直方图看上去与曝光过度或曝光不足的直方图很像，但照片并非曝光过度或曝光不足，这一点从右边及下面展示的照片及其相应的直方图中就可以看出来。

因此，检查直方图后，要视具体拍摄题材和所想要表现的画面效果，灵活调整曝光参数。

▲ 直方图中的线条主要分布在右侧，但这幅作品是典型的高调人像照片，所以应与曝光过度照片的直方图区别看待。『焦距：50mm ¦ 光圈：F3.5 ¦ 快门速度：1/1000s ¦ 感光度：ISO200』

▲ 这是一幅典型的低调效果照片，画面中暗调面积较大，直方图中的线条主要分布在左侧，但这是摄影师刻意追求的效果，与曝光不足有本质上的不同。

设置曝光补偿让曝光更准确

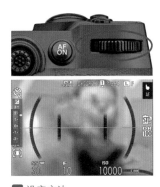

曝光补偿的含义

相机的测光是基于 18% 中性灰建立的。由于微单相机的测光主要是由景物的平均反光率决定的，而除了反光率比较高的场景（如雪景、云景）及反光率比较低的场景（如煤矿、夜景），其他大部分场景的平均反光率都在 18% 左右，这一数值正是灰度为 18% 物体的反光率。因此，可以简单地将相机的测光原理理解为：当拍摄场景中被摄物体的反光率接近 18% 时，相机就会做出正确的测光。

▶ 设定方法

转动后指令拨盘可以调整曝光补偿。

所以，在一些极端环境拍摄时，如较亮的白雪场景或较暗的弱光环境，相机的测光结果就是错误的，此时就需要摄影师通过调整曝光补偿来得到想要的拍摄结果。

通过调整曝光补偿数值，可以改变照片的曝光效果，从而使拍摄出来的照片传达出摄影师的表现意图。例如，通过增加曝光补偿，使照片轻微曝光过度，得到了柔和的色彩与浅淡的阴影，照片有轻快、明亮的效果；通过减少曝光补偿，可以使照片变得阴暗。

在拍摄时，是否能够主动运用曝光补偿技术，是判断一位摄影师是否真正理解摄影的光影奥秘的标准之一。

曝光补偿通常用类似"±nEV"的方式来表示。"EV"是指曝光值，"+1EV"是指在自动曝光的基础上增加 1 挡曝光；"−1EV"是指在自动曝光的基础上减少 1 挡曝光，以此类推。富士 X−H2s 相机的曝光补偿范围为 −5.0~+5.0EV，可以 1/3EV 为单位对曝光进行调整。

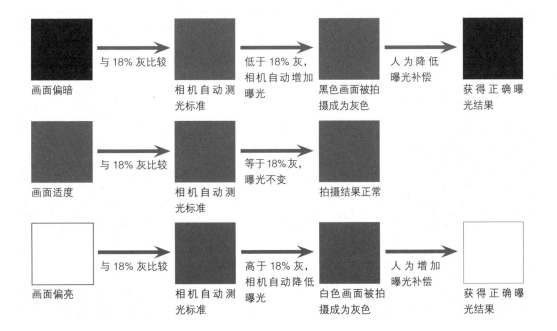

增加曝光补偿还原白色雪景

很多摄影初学者在拍摄雪景时，往往会把白雪拍成灰色，主要问题就是在拍摄时没有设置曝光补偿。

由于雪对光线的反射十分强烈，因此相机的测光结果会出现较大的偏差。而如果能在拍摄前增加一挡左右曝光补偿（具体曝光补偿的数值要视雪景的面积而定，雪景面积越大，曝光补偿的数值也应越大），就可以拍摄出洁白的雪景。

▲ 在拍摄时增加 1 挡曝光补偿，使雪的颜色显得很白。『焦距：60mm ⁝ 光圈：F7.1 ⁝ 快门速度：1/200s ⁝ 感光度：ISO200』

降低曝光补偿还原纯黑

当拍摄主体位于黑色背景前时，如果按相机默认的测光结果拍摄，黑色往往显得有些灰旧。为了得到纯黑的背景，需要使用曝光补偿功能来适当降低曝光量，以此来得到想要的效果（具体曝光补偿的数值要视暗调背景的面积而定，面积越大，曝光补偿的数值也应越大）。

在拍摄时减少了 1 挡曝光补偿，从而获得了黑色的背景，使花朵在画面中显得特别突出。『焦距：200mm ⁝ 光圈：F5.6 ⁝ 快门速度：1/160s ⁝ 感光度：ISO200』

正确理解曝光补偿

许多摄影初学者在刚接触曝光补偿时，以为使用曝光补偿就可以在曝光参数不变的情况下，提亮或压暗画面，这种观点是错误的。

实际上，曝光补偿是通过改变光圈或快门速度来提亮或压暗画面的，即在光圈优先曝光模式下，如果想要增加曝光补偿，实际上是通过降低快门速度来实现的；反之，如果想要减少曝光补偿，则通过提高快门速度来实现。在快门优先曝光模式下，如果想要增加曝光补偿，实际上是通过增大光圈来实现的（当光圈达到镜头所标示的最大光圈时，曝光补偿就不再起作用）；反之，如果想要减少曝光补偿，则通过缩小光圈来实现。

下面通过展示两组照片及其拍摄参数来佐证这一点。

▲ 焦距：80mm 光圈：F4.5 快门速度：1/20s 感光度：ISO200 曝光补偿：-1EV

▲ 焦距：80mm 光圈：F4.5 快门速度：1/15s 感光度：ISO200 曝光补偿：-0.5EV

▲ 焦距：80mm 光圈：F4.5 快门速度：1/10s 感光度：ISO100 曝光补偿：0EV

▲ 焦距：80mm 光圈：F4.5 快门速度：1/8s 感光度：ISO100 曝光补偿：+0.5EV

从上面展示的4张照片可以看出，在光圈优先曝光模式下，使用曝光补偿实际上是改变了快门速度。

▲ 焦距：80mm 光圈：F7.1 快门速度：1/80s 感光度：ISO800 曝光补偿：-0.7EV

▲ 焦距：80mm 光圈：F5.6 快门速度：1/80s 感光度：ISO800 曝光补偿：0EV

▲ 焦距：80mm 光圈：F4.5 快门速度：1/80s 感光度：ISO800 曝光补偿：+0.7EV

▲ 焦距：80mm 光圈：F4.5 快门速度：1/80s 感光度：ISO800 曝光补偿：+1.3EV

从上面展示的4张照片可以看出，在快门优先曝光模式下，使用曝光补偿实际上是改变了光圈大小。

Q：为什么有时即使不断增加曝光补偿，所拍摄出来的画面仍然没有变化？

A：发生这种情况，通常是由于曝光组合中的光圈值已经达到了镜头的最大光圈限制导致的。

利用曝光锁定功能锁定曝光值

利用曝光锁定功能可以在测光期间锁定曝光值。此功能的作用是，允许摄影师针对某一个特定区域进行对焦，而对另一个区域进行测光，从而拍摄出重要部分曝光正常的照片。

富士 X-H2s 相机的曝光锁定按钮在机身上显示为 "AEL"。使用曝光锁定功能的方便之处在于，即使我们松开半按快门的手，重新进行对焦、构图，只要一直按住曝光锁定按钮，那么相机还是会以刚才锁定的曝光参数进行曝光。

进行曝光锁定的操作方法如下：

❶ 对准选定区域进行测光，如果该区域在画面中所占比例很小，则应靠近被摄物体，使其充满画面的中央区域。

❷ 半按快门，此时屏幕中会显示一组光圈和快门速度组合。

❸ 释放快门，按住曝光锁定按钮 AEL，相机会记住刚刚得到的曝光值。

❹ 重新取景构图、对焦，完全按下快门即可完成拍摄。

在默认设置下，只有保持按住 AEL 按钮才能锁定曝光，在重新构图时有时候不方便，此时可以在 "AE/AF-LOCK 设定" 菜单中，选择 "AE/AF-LOCK 开关切换" 选项，这样就可以按一下 AEL 按钮就锁定曝光，当释放快门或再次按 AEL 按钮时即解除锁定曝光，摄影师可以更灵活、方便地改变焦距构图或切换对焦点的位置。

▲ 曝光锁定按钮

❶ 在**设置**菜单中选择**按钮 / 拨盘设置**选项，然后按▶方向键

❷ 按▲或▼方向键选择 **AE/AF-LOCK 设定**选项，然后按▶方向键

❸ 按▲或▼方向键选择 **AE/AF-LOCK 开关切换**选项，然后按 MENU/OK 按钮确认

▲ 先对人物的面部进行测光，锁定曝光并重新构图后再进行拍摄，从而保证面部获得正确的曝光。『焦距：50mm ┆光圈：F2.8 ┆快门速度：1/200s ┆感光度：ISO250』

拍摄大光比画面需要设置的菜单功能

丰富高光区域的细节

在拍摄有大面积高亮区域的照片时，这些区域的细节极易由于过曝而丢失，通过设置"色调曲线"菜单选项，可以有效地改善高亮区域细节缺失的问题。

要获得更好的效果，需要配合下面讲解的"动态范围"菜单。

设定步骤

❶ 在**图像质量设置**菜单中选择**色调曲线**选项，然后按▶方向键

❷ 按◀方向键选择并激活**高光**区域参数

▲ 选择"+2"选项，可提高高光

▲ 选择"-2"选项时，降低高光，此时高光区域细节更多

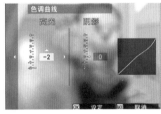

❸ 按▲或▼方向键选择所需数值，控制高光区域的细节

丰富阴影区域的细节

通过控制"色调曲线"菜单中的"阴影"参数，可以改善照片阴影处的细节，操作方法和原理与上面讲述的"高光"参数控制相同。

设定步骤

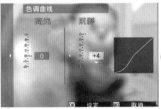

❶ 按▶方向键选择并激活**阴影**参数

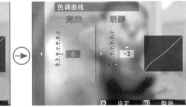

❷ 按▲或▼方向键选择所需数值，控制阴影区域的细节

▲ 选择"-2"选项的拍摄效果

▲ 选择"0"选项的拍摄效果

▲ 选择"+2"选项的拍摄效果

调整相机动态范围获得更多细节

在胶片年代，"动态范围"指感光材料所能同时记录的最暗到最亮的亮度级别范围，范围之外的影像在胶片中为死黑、死白区域。

在数码时代，"动态范围"指相机可以在多大亮度范围内记录图像影调细节。动态范围越广，高光和阴影处能被记录保留的细节就越多，层次就越丰富。

一般来说，如果要在环境光比较大的环境下，拍出对比不高、细节丰富的风光大片，相机的动态范围最好更大一些。

可如果要拍出对比高的人像、街拍、人文纪实作品，那么动态范围就不宜太高了，这样照片风格才更明显。

利用"动态范围"菜单功能可以控制相机的动态范围。

在拍摄风光时或在强光下要拍出柔美的人像，抑或要拍摄白色的物体、穿白色衣服的人物，可以考虑选择 400% 选项，降低画面反差，以获得更广的动态范围，防止照片的高光区域完全变白。

要拍摄高对比风格的人像，应选择 100% 选项。

若选择"自动"选项，相机将根据被摄对象和环境自动选择100% 或 200% 选项。

需要注意的是，200% 选项在感光度设置为 ISO320~ISO12800 时可用，400% 选项在感光度为 ISO640~ISO12800 时可用。

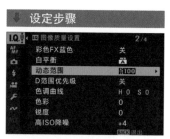

① 在**图像质量设置**菜单中选择**动态范围**选项，然后按▶方向键

② 按▲或▼方向键选择所需数值，然后按 MENU/OK 按钮确认

通过对比设置不同选项的"动态范围"功能拍摄的照片，可以看出将"动态范围"设为 400% 时画面高光部分被压低，细节更多。【焦距：55mm 光圈：f/2.8 快门速度：1/400s 感光度：800】

D 范围优先级

此菜单仍然用于帮助摄影师在拍摄高对比度场景时减少高光和阴影中细节的丢失，从而获取自然的效果。

与前面讲述的"动态范围""色调曲线"的不同之处在于，此菜单可以在一定程度上替代上述两个菜单，实现相机自动优化高光和阴影细节。

因此，当此菜单被设置为"关"时，才可以手动设置上述两个菜单，否则将呈灰色不可选状态。相机将根据此菜单，对高光及阴影细节进行优化。

需要特别注意的是，此菜单

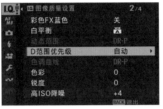

❶ 在**图像质量设置**菜单中选择 D **范围优先级**选项，然后按▶方向键

❷ 按▲或▼方向键选择所需的选项，然后按 MENU/OK 按钮确认

❸ 选择**关**以外的任何选项，**动态范围**与**色调曲线**均呈灰色不可选状态

由于是自动化控制，因此从控制效果的精细度方面弱于"动态范围""色调曲线"，尤其是在阴影细节控制方面。

换言之，如果使用此菜单得到的效果不十分理想，则应该考虑结合使用"动态范围""色调曲线"这两个菜单。

使用 Wi-Fi 功能拍摄的三大优势

自拍时摆造型更自由

使用手机自拍，虽然操作方便、快捷，但效果不尽如人意。而使用数码微单相机自拍时，虽然效果很好，但操作起来却很麻烦。通常在拍摄前要选好替代物，以便于相机锁定焦点，在拍摄时还要准确地站立在替代物的位置，否则有可能导致焦点不实，更不用说还存在是否能捕捉到最灿烂笑容的问题。

但如果使用富士 X-H2s 相机的 Wi-Fi 功能，则可以很好地解决这一问题。只要将智能手机注册到富士 X-H2s 相机的 Wi-Fi 网络中，就可以将相机 LCD 显示屏中显示的影像以直播的形式显示到手机屏幕上。这样在自拍时就能够很轻松地确认自己有没有站对位置、脸部是否是最漂亮的角度、笑容够不够灿烂等问题，通过手机屏幕观察后，就可以直接用手机控制快门进行拍摄。

在拍摄时，首先要用三脚架固定相机；然后再找到合适的背景，通过手机观察自己所站的位置是否合适，自由地摆出个人喜好的造型，并通过手机确认姿势和构图；最后直接通过手机释放快门完成拍摄。

在更舒适的环境下遥控拍摄

有过野外拍摄星轨经历的摄友，大都体验过刺骨的寒风和蚊虫的叮咬。这是由于拍摄星轨通常都需要长时间曝光，而且为了避免受到城市灯光的影响，拍摄地点通常选择在空旷的野外。因此，虽然拍摄的成果令人激动，但拍摄的过程的确是一种煎熬。

利用富士 X-H2s 相机的 Wi-Fi 功能可以很好地解决这一问题。只要将智能手机注册到富士 X-H2s 相机的 Wi-Fi 网络中，摄影师就可以在遮风避雨的拍摄场所，如汽车内、帐篷中，通过智能手机进行拍摄。

这一功能对于喜好天文和野生动物摄影的摄友而言，绝对值得尝试。

以特别的角度轻松拍摄

虽然富士 X-H2s 相机的 LCD 显示屏是可翻折屏幕，但如果以较低的角度进行拍摄，仍然不是很方便，而利用富士 X-H2s 相机的 Wi-Fi 功能可以很好地解决这一问题。

当需要以非常低的角度拍摄时，可以在拍摄位置固定好相机，然后通过智能手机实时显示的画面查看图像并释放快门。即使在拍摄时需要将相机贴近地面，拍摄者也只需站在相机的旁边，通过手机观察并控制快门，轻松、舒适地抓准时机进行拍摄。

除了以非常低的角度进行拍摄，当以一个非常高的角度进行拍摄时，也可以使用这种方法。

◀ 使用 Wi-Fi 功能可以更低的视角拍摄，在拍摄花卉时可以实现离机拍摄，比可倾斜屏还好用，特别是可以避免摄影师蹲下去拍摄的烦恼。『焦距：35mm ┊光圈：F5.6 ┊快门速度：1/640s ┊感光度：ISO200』

通过智能手机遥控富士 X-H2s 的操作步骤

使用智能手机遥控富士 X-H2s 时,不仅需要在智能手机中安装 FUJIFILM XApp 程序,还需要进行相应设置,下面介绍通过智能手机与富士相机的 Wi-Fi 进行连接的流程与步骤。

在智能手机上安装 FUJIFILM XApp

智能手机与富士 X-H2s 相机的 Wi-Fi 不能够直接进行连接,必须先安装 FUJIFILM XApp。此 App 可在富士 X-H2s 相机与智能设备之间建立双向无线连接,可将使用相机所拍的照片下载至智能设备中,也可以在智能设备上显示相机镜头视野从而遥控相机。

▲ FUJIFILM XApp 图标

如果使用的是苹果手机,可从 App Store 下载安装 FUJIFILM XApp 的 iOS 版本;如果手机的操作系统是安卓系统,则可以从应用市场或富士官网下载 FUJIFILM XApp 的安卓版本。

配对注册

连接之前,需要先将相机与智能手机进行配对注册,按下面步骤操作。

设定步骤

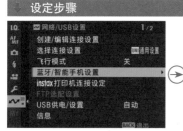

❶ 在**网络 /USB 设置**菜单中选择**蓝牙 / 智能手机设置**选项,然后按▶方向键

❷ 按▲或▼方向键选择**配对注册**选项,然后按 MENU/OK 按钮确认

❸ 此时相机将显示开始配对的界面,如果没有下载 App,此时也可以扫描右下方的二维码

利用 Wi-Fi 功能让拍摄如品下午茶一般惬意轻松

利用智能手机接入蓝牙配对的相机

完成上一步后，需要打开 FUJIFILM XApp，接入富士 X-H2s 相机的配对连接，操作步骤如下。

❶ 打开 App 后，在软件中点击 **X 系统**按钮

❷ 点击**可换镜头相机**按钮

❸ 点击 **X-H2S** 按钮

❹ 点击**进行设置**按钮

❺ 点击**继续**按钮

❻ 此处将显示检测到的相机型号，点击该型号按钮

❼ 连接成功后，此时需在相机上确认

❽ 在手机上点击**开始**按钮，即可拍摄或传输照片

启用 Wi-Fi 功能

蓝牙配对完成后，需要启用富士 X-H2s 相机的 Wi-Fi 功能。

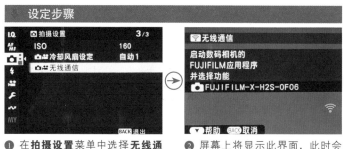

❶ 在**拍摄设置**菜单中选择**无线通信**选项，然后按▶方向键，注意此时不可以连接 HDMI

❷ 屏幕上将显示此界面，此时会在 FUJIFILM XApp 上弹出加入 X-H2s 局域网的提示，在软件上选择加入选项

❸ 如果没有弹出第 2 步提示，可以在手机上手动点击富士相机的 Wi-Fi 网络加入

在手机上查看及传输照片

通过 FUJIFILM XApp，可以将存储卡中的照片显示到智能手机上，用户可以查看并传输到手机，从而实现即拍即分享。

❶ 在手机上轻点**导入在相机上选择的图像**图标，即可进入图像列表

❷ 选中想要传输的照片，选好后点击**导入**按钮

❸ 相机会把照片传输到手机中，传输完成后即可在手机相册中找到该照片

❹ 如果在右上角点击第 2 张储存卡图标，则可以从第 2 张卡导出照片

用智能手机进行遥控拍摄

在 FUJIFILM XApp 的实时操控画面中，用户可以在手机上调整光圈、感光度、曝光补偿、白平衡和胶片模拟的设置，以拍摄照片或视频。

⌐ 设定步骤

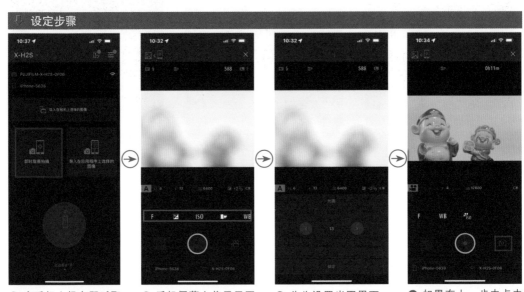

❶ 在手机上轻点**即时取景拍摄**按钮，即可进入拍摄界面

❷ 手机屏幕上将显示图像，点击上面相应的图标可以进行相关设置

❸ 此为设置光圈界面，完成设置后，点击圆形快门图标进行拍摄

❹ 如果在上一步中点击红框位置的**摄像机**图标，则可进入录制视频状态

❺ 在录制过程中，界面右上方显示当前可录制的时长

❻ 在拍摄或录制操作中，如果要切换至相机与手机传输照片的状态，要点击左上方的状态切换图标，而不是点击右上方的 X 图标，否则将退出手机与相机的Wi-Fi 连接状态

❼ 如果在第 1 步中点击下方的遥控释放按钮，则可进入手机遥控相机拍摄的状态

拍摄全景照片

当拍摄风光、建筑等宏大场景题材时，若想将眼前看到的景色体现在一张照片上，形成气势恢宏的全景照片，通常需要拍摄多张素材照片，然后通过后期合成的方法得到全景照片。

使用富士X-H2s相机则可以通过"全景"驱动模式完成全景照片的拍摄。摄影师可以通过"扫描"的方式，直接拍出拼接好的全景照片，无须烦琐的后期处理，可以说这是一个方便、实用的功能。具体步骤如下：

❶ 按DRIVE按钮后，选择▭（全景）选项。

❷ 拍摄前，按◀方向键选择垂直或水平拍摄方向。

❸ 按▶方向键可以在"从左到右""从右到左""从上到下""从下到上"中选择一个方向，按下MENU/OK按钮确认。

❹ 完全按下快门按钮开始拍摄。拍摄过程中无须一直按住快门按钮，只需按LCD显示屏的指示，匀速移动相机进行拍摄，当相机转动到引导线的末端且全景拍摄完成时，拍摄自动结束。

下面是完成全景拍摄需要注意的一些细节。

◉ 为了确保所有照片曝光是均匀的，建议使用手动曝光模式，或者将"按钮/拨盘设置"菜单中的"快门AE"选项设置为ON，使相机使用开始拍摄的第一张照片曝光参数完成整体拍摄。

◉ 转动相机时，保持相机与水平线平行、垂直，并且一定要按引导线所示的方向转动，保证指示箭头不要偏离引导线。

◉ 使用三脚架，或者拍摄时通过倚靠、肘部抵住身体两侧来保持相机稳定。

◉ 最好使用焦距为35 mm或以下的镜头拍摄。

◉ 当相机转动太快或太慢、光线太暗、有多个移动对象、拍摄蓝天或草地等无明显区别的对象时，拍摄都有可能失败。

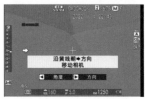

▶ 设定方法

按DRIVE按钮后，选择▭（全景）选项，即选择了全景照相模式。在全景模式下，按◀方向键可以调整角度，按▶方向键可以调整方向。

▲ 使用全景模式拍摄出恢宏大气的超宽画幅摄影作品

利用多重曝光功能拍摄明月

富士 X-H2s 的多重曝光功能可以实现在机内融合最多 9 张照片的效果，即分别拍摄若干张照片，然后相机会自动将其融合在一起，以得到一张具有蒙太奇效果的照片。

下面将以使用 X-H2s 相机拍摄月亮为例，详细介绍设置多重曝光的方法。

❶ 按右侧所示操作设置多重曝光模式。

❷ 开始拍摄第 1 张照片。在拍摄第 1 张照片时，用镜头的中焦或广角端拍摄全景。当然，画面中不要出现月亮图像，但要为月亮图像留出一定的空白位置。

❸ 按 MENU/OK 按钮确认第一张照片的效果，相机将提示拍摄第 2 张照片。由于拍摄时相机会在当前取景范围内叠加显示已获得的多重曝光效果，因此可以据此进行构图。此时若要返回步骤❷并重拍第 1 张照片，按◀方向键即可。

❹ 开始拍摄第 2 张照片。在拍摄第 2 张照片时，使用镜头的长焦端对月亮进行构图并拍摄。

❺ 按 MENU/OK 按钮，相机将创建多重曝光照片，得到一张具有蒙太奇效果的新照片。若想重拍第 2 张照片，按◀方向键返回步骤❹拍摄即可。

▶ 设定方法

按下 DRIVE 按钮，选择最下方的多重曝光图标，并按▶方向键选择不同的叠加模式

使用不同的多重曝光叠加选项，可以获得不同的合成效果，因此要理解每一个选项的具体含义。

● 叠加：相机自动叠加各次拍摄的照片，所以合成的照片会越来越亮，这意味着根据不同曝光次数，需要降低曝光补偿。例如，当使用 3 张照片进行多重曝光时，每次拍摄应该降低 2/3 挡曝光。

● 平均：相机为最终照片自动优化曝光，由于不涉及曝光及明暗控制，因此比较适合初学者。

● 明：相机自动比较各次曝光并仅选择各位置最亮的像素，所以最终合成的照片中只有每次拍摄的最亮像素出现。

● 暗：相机自动比较各次曝光并仅选择各位置最暗的像素，所以最终合成的照片中只有每次拍摄的最暗像素出现。

▼ 单次多重曝光效果照片

▼ 合成后的多重曝光效果

在拍摄过程可以随时按 DISP/BACK 按钮退出，因此无论是规划效果还是计算曝光，均不必按屏幕显示的 9 张来进行。由于拍摄的照片可以用 RAW 格式保存，因此还可以在后期处理软件中进行深度加工。

利用创意滤镜功能为拍摄增添趣味

虽然使用现在流行的后期处理软件，可以很方便地为照片添加各种效果，但考虑到有一些摄影师并不习惯使用数码照片后期处理软件，因此富士 X-H2s 相机提供了能够直接为照片添加多种滤镜效果的"创意滤镜"功能，以直接拍摄出具有玩具相机、微缩景观、流行色彩、局部色彩、柔焦等创意色调和效果的个性化照片。

▶ 设定方法

旋转模式拨盘至 FILTER 的位置，即可进入创意滤镜拍摄状态。

使用时需要先按右侧展示的操作步骤切换至创意滤镜拍摄模式，然后再按下面展示的步骤，从菜单中选择不同的创意滤镜模式。

设定步骤

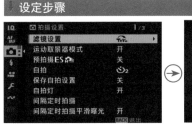 ➔

❶ 在**拍摄设置**菜单中选择**滤镜设置**选项，然后按▶方向键

❷ 在此可按……键选择任一滤镜，被选中的滤镜下方会显示简单解释

● 玩具相机：选择此选项，可创建四角暗淡且色彩鲜明的玩具相机照片效果。

● 微缩景观：选择此选项，可创建模糊顶部和底部，如微缩景观模型一样的照片。

● 流行色彩：选择此选项，可提高饱和度来强调画面色调，使画面更加生动。

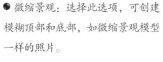

● 高调：选择此选项，可以创建明亮的低对比度图像，比较适合拍摄唯美人像。

● 暗调：选择此选项，可创建带有少量强调高光区域的统一深色调效果的照片。

● 动态色调：选择此选项，可使用动态色调表现以获得奇幻效果。

● 柔焦：选择此选项，可创建柔和光线照射效果的照片，比较适合拍摄唯美人像。

● 局部色彩（红）：选择此选项，将创建保留画面中的红色，而将其他颜色转变为黑白颜色的照片。

● 局部色彩（橙）：选择此选项，将只保留画面中的橙色。

● 局部色彩（黄）：选择此选项，将只保留画面中的黄色。

● 局部色彩（绿）：选择此选项，将只保留画面中的绿色。

● 局部色彩（蓝）：选择此选项，将只保留画面中的蓝色。

● 局部色彩（紫）：选择此选项，将只保留画面中的紫色。

▶ 使用柔焦模式拍摄花朵，使画面多了一份浪漫与妩媚的感觉。『焦距：70mm┊光圈：F5.6┊快门速度：1/400s┊感光度：ISO160』

能进一步优化画面的菜单功能

颗粒效果

富士 X-H2s 相机提供了独特的颗粒效果，启用此功能后，可以为画面添加颗粒效果，使画面带有一种文艺复古效果。

虽然它可以应用到所有胶片模拟模式，但是在黑白照片中效果最佳。

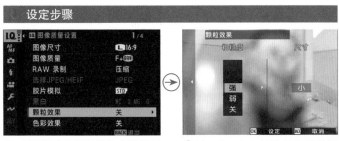

❶ 在**图像质量设置**菜单中选择**颗粒效果**选项，然后按▶方向键

❷ 按▲或▼方向键选择所需的强度，同时可以选择颗粒的尺寸

色彩效果

在实拍中，尤其是在强光下，如果被拍摄景物有红、黄与绿色，极易造成色彩过饱和，在照片中形成没有细节的色块。使用"色彩效果"命令，可以扩展颜色的范围，以避免出现过饱和的颜色。

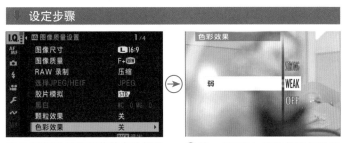

❶ 在**图像质量设置**菜单中选择**色彩效果**选项，然后按▶方向键

❷ 按▲或▼方向键选择所需的强度，然后按 MENU/OK 按钮确认

彩色 FX 蓝色

"彩色 FX 蓝色"菜单类似于上面讲述的"色彩效果"菜单，可以用来增加蓝色的色彩范围。

在晴天天气条件下，选择"强"选项，可以使照片中的天空更蓝。

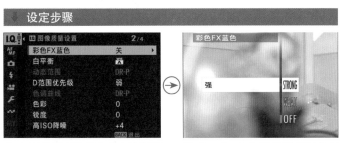

❶ 在**图像质量设置**菜单中选择**彩色 FX 蓝色**选项，然后按▶方向键

❷ 按▲或▼方向键选择所需的强度，然后按 MENU/OK 按钮确认

色彩

使用"色彩"菜单可以控制照片的色彩鲜艳程度，摄影师可以在 ±4 间调整色彩鲜艳等级。

选择负向数值，可以降低饱和度，数值越低，照片的色彩越清淡；选择正向数值，可以提高饱和度，数值越高，则照片的色彩越浓艳。

❶ 在**图像质量设置**菜单中选择**色彩**选项，然后按▶方向键

❷ 按▲或▼方向键选择所需的数值，然后按 MENU/OK 按钮确认

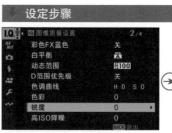

▲ 选择"0"选项时的画面效果

▲ 选择"+4"选项时的画面效果

锐度

"锐度"菜单用于锐化或柔化照片，可以在 ±4 间调整锐化的等级，选择的数值越高，图像就越清晰；反之，则图像越柔和。

此菜单与"清晰度"菜单的区别在于，"清晰度"是通过调整对比度改变照片，让照片看上去更"通透"，而"锐度"是通过改变照片的细节让照片看上去更"锐利"。

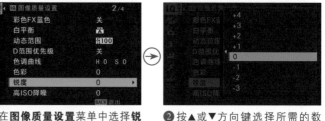

❶ 在**图像质量设置**菜单中选择**锐度**选项，然后按▶方向键

❷ 按▲或▼方向键选择所需的数值，然后按 MENU/OK 按钮确认

▲ 选择"-2"选项时的画面效果

▲ 选择"+2"选项时的画面效果

清晰度

此菜单能够在不改变高光和阴影色调的同时提高照片整体的清晰度。

较高的值可以提高清晰度，适合拍摄风光等题材，较低的值可以让照片更加柔和，适合拍摄人像等题材。

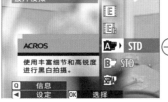

❶ 在**图像质量设置**菜单中选择**清晰度**选项，然后按▶方向键

❷ 按▲或▼方向键选择所需的数值，然后按 MENU/OK 按钮确认

黑白效果

当在"胶片模拟"菜单中选择了"ACROS"或"黑白"选项时，可以在此菜单中设置是否为画面添加偏红或偏蓝色调，使画面具有暖色氛围或冷色氛围。

❶ 在**胶片模拟**菜单中选择 ACROS 或黑白选项

❷ 在**图像质量设置**菜单中选择**黑白**选项，然后按▶方向键

利用胶片模拟增强照片视觉效果

认识胶片模拟功能

简单来说，胶片模拟就是模拟不同类型的胶片成像效果。此功能是富士相机的特色功能，值得喜欢直出照片的摄影师反复尝试使用。

● PROVIA/ 标准：此风格是最常用的，使用该风格拍摄的照片画面清晰、色彩鲜艳，但不会过于饱和。使用时可以将阴影、色彩和清晰度都各调低 1 挡让画面更柔和。

● Velvia/ 鲜艳：此风格将提高画面饱和度、对比度，以获得鲜艳的图像效果。这种胶片模拟风格实际上是使照片逼近于人们印象中的色彩，而不是肉眼所见色彩。此风格对蓝色与绿色有突出表现，这是因为相机在蓝色中加入了洋红，在绿色中加入了蓝色，使蓝色与绿色显得更加生动。阴天时使用这种风格能够避免照片过灰。

● ASTIA/ 柔和：此风格将增加照片中人像肤色的色相范围，同时弱化照片对比度，适合拍摄朦胧感觉的人像。如果画面有外景，可以考虑在春季、夏季使用。

❶ 在**图像质量设置**菜单中选择**胶片模拟**选项，然后按▶方向键

❷ 按▲或▼方向键选择所需的选项，然后按 MENU/OK 按钮确认

◉ CLASSIC CHROME：使用此风格拍摄的画面色彩柔和，饱和度会适当降低，但会压暗暗部来强化画面的明暗反差，另外，照片的蓝色会被单独处理成为低饱和的青蓝色调，比较适合拍摄人文纪实题材，或者内容较深刻、严肃类的题材。如果画面有外景，可以考虑在秋季、冬季使用。

◉ PRO Neg. Std：使用此风格拍摄的画面色调柔和，增强了人物的肤色，适合拍摄室内人像。

◉ PRO Neg. Hi：此风格的对比度比 PRO Neg. Std 风格稍强，同样适合拍摄对比度需要稍高一些的人像。

◉ 经典 Neg：这种风格可以提供非常经典的负片效果，照片的饱和度会降低，且颜色亮度会降低。它的独特之处在于保留了胶片高光偏口红色，阴影偏青灰色的特性，尤其是普通的绿色会呈墨绿色，而红色中将带一些橙色，特别适合用于记录日常，拍摄美食及人文题材。由于拍摄后的照片会偏暗，因此拍摄时要稍加一点曝光补偿，在白平衡偏移中适当向口红色偏移。

◉ NOSTALGIC Neg：这种风格旨在重现老照片的感觉，拍摄出的图像会在阴影中具有丰富的色彩。

◉ ETERNA/ 影院：使用此风格可以色彩柔和且阴影较深的色调拍摄视频。

◉ ETERNA BLEACH BYPASS：低饱和度、高对比度的独特颜色。最初的开发目的是用于拍摄风格独特的视频。

◉ 黑白：使用该风格可拍摄出标准的黑白照片。以黑白色彩拍摄，有黄色（Ye）、红色（R）和绿色（G）滤镜可供选择。选择"黑白＋黄滤镜"可以增强对比度和暗化天空；选择"黑白＋红滤镜"可以强化对比度并大幅度暗化天空；选择"黑白＋绿滤镜"可以在人像拍摄中获得满意的皮肤色调。

◉ ACROS：使用此风格可拍摄出高渐变和高锐度效果的黑白照片。当拍摄使用高感光度时，相机会特意加入更多噪点，以模拟胶片的颗粒感，这种效果优于在后期软件中简单地直接全局化添加噪点。

◉ 棕褐色：使用该风格可拍摄出棕褐色单色调，也就是具有复古色彩的暖色调照片。

高手点拨：要用好胶片模拟功能，一定要综合使用"动态范围""高光色调""阴影色调""颗粒效果""色彩效果""色彩""锐度""降噪功能""白平衡""白平衡偏移"这一系列菜单参数，这一调整参数的过程被称为"调整胶片配方"，目前在网上能找到多种"配方"。

胶片模拟功能优秀学习资源推荐

如前所述，对初学而言，学习胶片模拟最好的方法之一就是先模仿他人的参数配方，在此笔者推荐以下学习资源。

富士周刊网站

在这个网站上有大量网友上传的胶片配方，其网址为 https://fujixweekly.com/，也可以扫描右侧的二维码直接查看。

"富士数码影像"公众号

订阅此公众号后，回复"胶片模拟"关键词，即可获得官方收集整理好的配方，也可以扫描右侧的二维码直接查看。

"XSPACE 富士影像共享空间"公众号

订阅此公众号后，以"胶片模拟"为搜索关键词，可找到大量文章，例如扫描右侧的二维码，可以查看"富士相机研发者是如何定义'胶片模拟'的？"这篇文章（如果二维码失效，可直接搜索文章题目找到）。

第 6 章
滤镜种类及使用技巧

滤镜的形状

常见的滤镜有方形与圆形两类，下面分别讲解不同形状滤镜的优缺点。

圆形滤镜

圆形滤镜有便携、易用的优点，无论是旋入式还是磁吸式，使用时均比方形滤镜更方便。

圆形滤镜可与遮光罩同时使用，不易出现漏光，且圆形滤镜可长期装在镜头上，不需要拆卸也能与镜头一同收纳和使用。

圆形滤镜的镜片有金属框架保护，更不易破损。

但使用圆形滤镜易出现暗角问题，且基本上不能多枚滤镜叠加使用，所以需要购买同一类型的多个不同规格的镜片，实际使用成本较高；购买时需要与镜头口径一一对应，如滤镜口径为75mm，就只能用在前镜组口径为75mm的镜头上。

当长时间将圆形滤镜安装在镜头上时，其螺纹可能由于变形无法拆下来。

方形滤镜

在购买方形滤镜时需要包含滤镜支架，且其材质通常是光学玻璃，因此单价和总价都要比圆形滤镜高。

为了安装在不同口径的镜头上，需要购买不同口径的转接环，虽然方形滤镜可以多片叠加使用，但由于滤镜支架存在间隙，因此容易出现漏光。

方形滤镜由于没有保护边框，且是玻璃材质，因此其安全性低于圆形滤镜，如果不注意清洁的话，还容易被带有腐蚀性的水雾侵蚀。

相比圆形滤镜，方形滤镜的优点是不易出现暗角；可与圆形滤镜中的偏振滤镜叠加使用；可多片叠加使用，实现更复杂的光线控制效果；与镜头的兼容性强，如150mm和100mm规格的方形滤镜，能通过镜头口径转接环适配绝大多数主流规格的镜头。

▲ 圆形中灰镜　　　　　　　　　▲ 方形中灰镜

滤镜的材质

现在能够买到的滤镜有玻璃与树脂两种材质。

玻璃材质的滤镜在使用寿命上远远高于树脂材质的滤镜。树脂其实就是一种塑料，通过化学浸泡置换出不同减光效果的挡位。这种材质长时间在户外风吹日晒的环境下，很快就会偏色。如果照片出现严重的偏色，后期也很难校正回来。

玻璃材质的滤镜使用的是镀膜技术，质量过关的玻璃材质的滤镜使用几年也不会变色，当然价格也比树脂型滤镜高。

▲ 用合适的滤镜过滤杂光获得纯净的色彩

UV 镜

UV 镜也叫"紫外线滤镜"，是滤镜的一种，主要是针对胶片相机设计的，用于防止紫外线对曝光的影响，提高成像质量和影像的清晰度。现在的数码相机已经不存在这种问题了，但由于其价格低廉，已成为摄影师用来保护数码相机镜头的工具。因此，强烈建议摄友在购买镜头的同时也购买一款 UV 镜，以更好地保护镜头不受灰尘、手印及油渍的侵扰。

肯高、NISI 及 B+W 等厂商生产的 UV 镜不错，性价比很高。

▲ B+W 77mm XS-PRO MRC UV 镜

保护镜

如前所述，在数码摄影时代，UV 镜的作用主要是保护镜头。开发这种 UV 镜可以兼顾数码相机与胶片相机，但考虑到胶片相机逐步退出了主流民用摄影市场，各大滤镜厂商在开发 UV 镜时已经不再考虑胶片相机。因此，这种 UV 镜演变成了专门用于保护镜头的一种滤镜：保护镜，这种滤镜的功能只有一个，就是保护昂贵的镜头。

与 UV 镜一样，口径越大的保护镜价格越高，通光性越好的保护镜价格也越高。保护镜不会影响画面的画质，透过它拍摄出来的风景照片层次很细腻，颜色很鲜艳。

▲ 肯高保护镜

偏振镜

如果希望拍摄到具有浓郁色彩的画面、清澈见底的水面，或者想透过玻璃拍好物品等，一块好的偏振镜是必不可少的。

偏振镜也叫偏光镜或 PL 镜，可分为线偏和圆偏两种，主要用于消除或减少物体表面的反光。数码相机应选择有"CPL"标志的圆偏振镜，因为在数码微单相机上使用线偏振镜容易影响测光和对焦。

▲ 肯高 67mm C-PL（W）偏振镜

在使用偏振镜时，可以旋转其调节环以选择不同的强度，在取景器中可以看到一些色彩上的变化。同时需要注意的是，偏振镜会阻碍光线的进入，大约相当于减少两挡光圈的进光量，故在使用偏振镜时，需要降低约两挡快门速度，这样才能拍出与未使用偏振镜时相同曝光量的照片。

用偏振镜提高色彩饱和度

如果拍摄环境的光线比较杂乱，会对景物的颜色还原产生很大的影响。环境光和天空光在物体上形成的反光，会使景物的颜色看起来并不鲜艳。使用偏振镜进行拍摄，可以消除杂光中的偏振光，减少杂散光对物体颜色还原的影响，从而提高物体色彩的饱和度，使景物的颜色显得更加鲜艳。

▲ 在镜头前加装偏振镜进行拍摄，可以改变画面灰暗的色彩，提高色彩的饱和度

用偏振镜压暗蓝天

晴朗天空中的散射光是偏振光，利用偏振镜可以减少偏振光，使蓝天变得更蓝、更暗。加装偏振镜后拍摄的蓝天比只使用蓝色渐变镜拍摄的蓝天更要加真实，因为使用偏振镜拍摄，既能压暗天空，又不会影响其余景物的色彩还原。

用偏振镜抑制非金属表面的反光

使用偏振镜拍摄的另一个好处就是可以抑制被摄体表面的反光。在拍摄水面、玻璃表面时，经常会遇到反光的情况，使用偏振镜则可以削弱水面、玻璃及其他非金属物体表面的反光。

▶ 随着转动偏振镜，水面上的倒映物慢慢消失不见

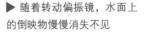

中灰镜

认识中灰镜

中灰镜又被称为 ND（Neutral Density）镜，是一种不带任何色彩成分的灰色滤镜，当将其安装在镜头前面时，可以减少镜头的进光量，从而降低快门速度。

中灰镜分为不同的级数，如 ND6（也称为 ND0.6）、ND8（0.9）、ND16（1.2）、ND32（1.5）、ND64（1.8）、ND128（2.1）、ND256（2.4）、ND512（2.7）、ND1000（3.0）。

不同级数对应不同的阻光挡位。例如，ND6（0.6）可降低 2 挡曝光，ND8（0.9）可降低 3 挡曝光。其他级数对应的曝光降低挡位分别为 ND16（1.2）4 挡、ND32（1.5）5 挡、ND64（1.8）6 挡、ND128（2.1）7 挡、ND256（2.4）8 挡、ND512（2.7）9 挡、ND1000（3.0）10 挡。

常见的中灰镜是 ND8（0.9）、ND64（1.8）、ND1000（3.0），分别对应降低 3 挡、6 挡、10 挡曝光。

▲ 安装了多片中灰镜的相机

24mm F18 3s ISO500

▶ 通过使用中灰镜降低快门速度，拍摄出水流连成丝线状的效果

下面用一个小实例来说明中灰镜的具体作用。

我们都知道，使用较低的快门速度可以拍出如丝般的溪流、飞逝的流云效果，但在实际拍摄时，经常遇到的一个难题就是，由于天气晴朗、光线充足等原因，导致即使用了最小的光圈、最低的感光度，也仍然无法达到较低的快门速度，更不要说使用更低的快门速度拍出水流如丝般的梦幻效果。

此时就可以使用中灰镜来减少进光量。例如，在晴朗的天气条件下使用 F16 的光圈拍摄瀑布时，得到的快门速度为 1/16s，但使用这样的快门速度拍摄无法使水流产生很好的虚化效果。此时，可以安装 ND4 型号的中灰镜，或者安装两块 ND2 型号的中灰镜，使镜头的进光量减少，从而降低快门速度至 1/4s，即可得到预期的效果。在购买 ND 镜时要关注 3 个要点，第一是形状，第二是尺寸，第三是材质。

中灰镜的基本使用步骤

在添加中灰镜后，根据减光级数不同，画面亮度会出现一定的变化。此时再进行对焦及曝光参数的调整则会出现诸多问题，所以只有按照一定的步骤进行操作，才能让拍摄顺利进行。

中灰镜的基本使用步骤如下。

1.使用自动对焦模式进行对焦，在准确合焦后，将对焦模式设为手动对焦。

2.建议用光圈优先曝光模式，将ISO设置为100，通过调整光圈来控制景深，并拍摄亮度正常的画面。

3.将此时的曝光参数（光圈、快门和感光度）记录下来。

4.将曝光模式设置为M挡，并输入已经记录的在不加中灰镜时可以得到正常画面亮度的曝光参数。

5.安装中灰镜。计算安装中灰镜后的快门速度并进行设置（方法可参见下一节）。

6.快门速度设置完毕后，即可按下快门进行拍摄。

24mm F13 5s ISO200

▲ 通过使用中灰镜延长曝光时间，拍出如丝绸般的水流

计算安装中灰镜后的快门速度

在安装中灰镜时，需要对安装它之后的快门速度进行计算，下面介绍计算方法。

1.自行计算安装中灰镜后的快门速度。

不同型号的中灰镜可以降低不同挡数的光线。如果降低 N 挡光线，那么曝光量就会减少为 $1/2^N$。所以，为了让照片在安装中灰镜之后与安装中灰镜之前获得相同的曝光，则安装中灰镜之后，其快门速度应延长为未安装时的 2^N。

例如，在安装减光镜之前，使画面亮度正常的曝光时间为 1/125s，那么在安装 ND64（减光 6 挡）之后，其他曝光参数不动，将快门速度延长为 $1/125 \times 2^6 \approx 1/2s$ 即可。

2.通过后期处理App计算安装中灰镜后的快门速度。

无论是在苹果手机的App Store中，还是在安卓手机的各大应用市场中，均能搜到多款计算安装中灰镜后所用快门速度的App，此处以Long Exposure Calculator为例介绍计算方法。

① 打开Long Exposure Calculator App。

② 在第一栏中选择所用的中灰镜。

③ 在第二栏中选择未安装中灰镜时，让画面亮度正常所用的快门速度。

④ 在最后一栏中则会显示不改变光圈和快门速度的情况下，加装中灰镜后，能让画面亮度正常的快门速度。

▲ Long Exposure Calculator App

▲ 快门速度计算界面

中灰渐变镜

认识渐变镜

在慢门摄影中，当在日出、日落等明暗反差较大的环境拍摄慢速水流效果的画面时，如果不安装中灰渐变镜，直接对地面景物进行长时间曝光，按地面景物的亮度进行测光并进行曝光，天空就会失去所有细节。

要解决这个问题，最好的选择就是用中灰渐变镜来平衡天空与地面的亮度。

渐变镜又人们被称为GND（Gradient Neutral Density）镜，是一种一半透光、一半阻光的滤镜，在色彩上也有很多选择，如蓝色和茶色等。

在所有的渐变镜中，最常用的是中性灰色的渐变镜。

拍摄时，将中灰渐变镜上较暗的一侧安排在画面中天空的部分。由于深色端有较强的阻光效果，因此可以减少进入相机的光线，从而保证在相同的曝光时间内，画面上较亮的区域进光量少，与较暗的区域在总体曝光量上趋于相同，使天空层次更丰富，而地面的景观也不至于黑成一团。

35mm F16 1.3s ISO100

▲ 1.3s 的长时间曝光使海岸礁石拥有丰富的细节，中灰渐变镜则保证天空不会过曝，并且得到了海面雾化的效果

如何搭配选购中灰渐变镜

如果购买一片，建议选 GND 0.6 或 GND0.9。

如果购买两片，建议选 GND0.6 与 GND0.9 两片组合，可以通过组合使用覆盖 2~5 挡曝光。

如果购买三片，可选择软 GND0.6+ 软 GND0.9+ 硬 GND0.9。

如果购买四片，建议选择 GND0.6+ 软 GND0.9+ 硬 GND0.9+GND0.9 反向渐变，硬边渐变镜用于海边的拍摄，反向渐变镜用于日出、日落的拍摄。

中灰渐变镜的形状

中灰渐变镜有圆形与方形两种。圆形中灰渐变镜是直接安装在镜头上的，使用起来比较方便，但由于渐变是不可调节的，因此只能拍摄天空约占画面50%的照片。方形中灰渐变镜的优点是可以根据构图的需要调整渐变的位置，且可以叠加使用多个中灰渐变镜。

▲ 不同形状的中灰渐变镜　　　▲ 安装多片渐变镜的效果

中灰渐变镜的挡位

中灰渐变镜分为GND0.3、GND0.6、GND0.9、GND1.2等不同的挡位，分别代表深色端和透明端的挡位相差1挡、2挡、3挡及4挡。

镜头接圈
支架主体
CPL滤镜

▲ 方形中灰渐变镜的安装方式　▲ 在托架上安装方形中灰渐变镜后的相机

硬渐变与软渐变

根据中灰渐变镜的渐变类型，可以分为软渐变（GND）与硬渐变（H-GND）两种。

软渐变镜40%为全透明，中间35%为渐变过渡，顶部的25%区域颜色最深，当拍摄的场景中天空与地面过渡部分不规则，如有山脉或建筑、树木时使用。

硬渐变的镜片，一半透明，一半为中灰色，两者之间有少许过渡区域，常用于拍摄海平面、地平面与天空分界线等非常明显的场景。

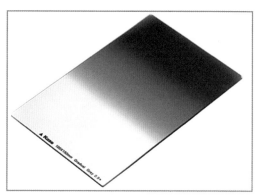

▲ 软渐变镜

如何选择中灰渐变镜挡位

在使用中灰渐变镜拍摄时，先分别对画面亮处（即需要使用中灰渐变镜深色端覆盖的区域）和要保留细节处测光（即渐变镜透明端覆盖的区域），计算出这两个区域的曝光相差等级，如果两者相差1挡，那么就选择0.3的镜片；如果两者相差2挡，那么就选择0.6的镜片，以此类推。

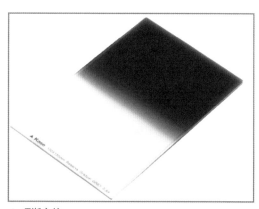

▲ 硬渐变镜

第 7 章
镜头基本概念及实用
镜头推荐

镜头标志名称解读

通常镜头名称中会包含很多数字和字母，镜头上各数字和字母都有特定的含义，熟记这些数字和字母代表的含义，就能很快地了解一款镜头的性能。富士 X-H2s 相机可用富士 XF 和 XC 系列镜头。

▲ XF 18–55 mm F2.8–4 R LM OIS

❶ XF：代表此镜头适用于 X 系列微单相机。

❷ 18–55mm：代表镜头的焦距范围。

❸ F2.8–4：代表此镜头在广角 18mm 焦距段时可用的最大光圈为 F2.8，在长焦端 55mm 焦距段时可用的最大光圈为 F4。

❹ R：代表此镜头使用光圈环。

❺ LM：代表此镜头采用线性马达。

❻ OIS：代表此镜头采用光学防抖技术。

▲ 使用广角镜头拍摄海面，让前景的礁石呈现较强的透视感，低速快门将流动的海水拍成了雾化的效果，画面有很强的空间感、纵深感及静谧感。『焦距：17mm ┊ 光圈：F16 ┊ 快门速度：6s ┊ 感光度：ISO160』

镜头焦距与视角的关系

　　每款镜头都有其固有的焦距，焦距不同，拍摄视角和拍摄范围也不同，而且不同焦距下的透视、景深等效果也有很大的区别。例如，使用广角镜头的 14mm 焦距拍摄时，其视角能够达到 114°；而使用长焦镜头的 200mm 焦距拍摄时，其视角只有 12°。不同焦距镜头对应的视角如下图所示。

　　由于不同焦距镜头的视角不同，因此不同焦距镜头适用的拍摄题材也有所不同。比如焦距短、视角宽的镜头常用于拍摄风光；而焦距长、视角窄的镜头常用于拍摄体育运动员、鸟类等位于远处的对象。

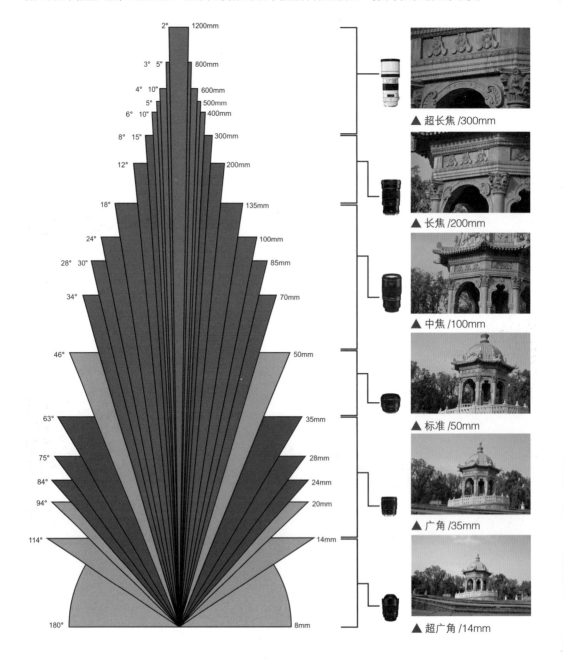

▲ 超长焦 /300mm

▲ 长焦 /200mm

▲ 中焦 /100mm

▲ 标准 /50mm

▲ 广角 /35mm

▲ 超广角 /14mm

理解富士 X-H2s 的焦距转换系数

富士 X-H2s 相机使用的是 APS-C 画幅的 CMOS 感光元件（23.5mm×15.6mm），由于尺寸要比全画幅的感光元件（36mm×24mm）小，因此其视角也会变小（即焦距变长）。但为了与全画幅相机的焦距数值统一，也为了便于描述，一般可以通过换算的方式得到一个统一的等效焦距，其中富士 APS-C 画幅相机的焦距换算系数为 1.5。

因此，在使用同一支镜头的情况下，如果将其装在全画幅相机上，焦距为 100mm；当将其装在 APS-C 画幅的富士 X-H2s 相机上时，拍摄视角就等同于一支焦距为 150mm 的镜头，用公式表示为：APS-C 等效焦距＝镜头实际焦距 × 转换系数（1.5）。

Q：为什么画幅越大视野越宽？

A：常见的相机画幅有中画幅、全画幅（即 135 画幅）、APS-C 画幅、4/3 画幅等。画幅尺寸越大，纳入画面的景物也就越多，所呈现出来的视野也就显得越宽广。

在右侧的示例图中，展示了 50mm 焦距画面在 4 种常见画幅上的视觉效果。拍摄时相机所在的位置不变，由照片之间的差别可以看出，画幅越大所拍摄到的景物越多，50mm 焦距在中画幅相机上显示的效果就如同使用广角镜头拍摄，在 135 画幅相机上是标准镜头，在 APS-C 画幅相机上就成为中焦镜头，在 4/3 相机上就算长焦镜头。因此，在其他条件不变的前提下，画幅越大则画面视野越宽广，画幅越小则画面则视野越狭窄。

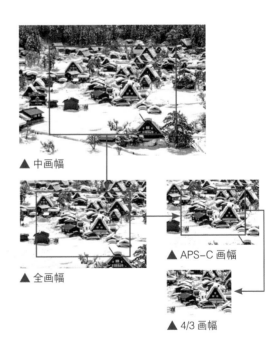

▲ 中画幅

▲ APS-C 画幅

▲ 全画幅

▲ 4/3 画幅

了解恒定光圈镜头与浮动光圈镜头

恒定光圈镜头

恒定光圈，即指在镜头的任何焦段下都拥有相同的光圈。如 XF 16-55mmF2.8 R LM WR 在 16 ~ 55mm 之间的任意一个焦距下拥有 F2.8 的大光圈，以保证充足的进光量、更好的虚化效果，所以价格也比较高。

▲ 恒定光圈镜头 XF 16-55mmF2.8 R LM WR

浮动光圈镜头

浮动光圈，是指光圈会随着焦距的变化而改变，例如 XF 55-200mmF3.5-4.8 R LM OIS，当焦距为 55mm 时，最大光圈为 F3.5；而焦距为 200mm 时，其最大光圈就自动变为了 F4.8。浮动光圈镜头的性价比较高是其较大的优势。

▲ 浮 动 光 圈 镜 头 XF 55-200mmF3.5-4.8 R LM OIS

定焦镜头与变焦镜头的优劣势

在选购镜头时，除了要考虑原厂、副厂、拍摄用途，还涉及定焦与变焦镜头之间的选择。

如果用一句话来说明定焦与变焦的区别，那就是"定焦取景基本靠走，变焦取景基本靠扭"。由此可见，两者之间最大的区别就是一个焦距固定，另一个焦距不固定。

下面通过表格来了解一下两者之间的区别。

定焦镜头	变焦镜头
XF 56mm F1.2R APD	XF 16-55mmF2.8 R LM WR
恒定大光圈	浮动光圈居多，少数为恒定大光圈
最大光圈可达到 F1.8、F1.4、F1.2	少数镜头最大光圈能达到 F2.8
焦距不可调节，改变景别靠走	可以调节焦距，改变景别不用走
成像质量优异	大部分镜头成像质量不如定焦镜头
除了少数超大光圈镜头，其他定焦镜头售价都低于恒定光圈的变焦镜头	生产成本较高，镜头售价较高

▲ 在这组照片中，摄影师只需选好合适的拍摄位置，就可利用变焦镜头拍摄出不同景别的人像作品

5 款富士龙高素质镜头点评

XF 16-55mmF2.8 R LM WR 广角镜头

此款镜头采用 12 组 17 片结构，配备了 F2.8 的恒定大光圈，可以实现优质的图像质量，9 片圆形光圈叶片可以形成平滑的圆形散景效果，并且对球面像差进行了有效抑制，使得在拍摄时无论前景还是后景都能形成漂亮的散景效果。

此外，镜头还使用了 3 片超低色散玻璃镜片，能有效减少降低横向色差（广角）和轴向色差（望远），提高镜头的反差和分辨率；使用 3 片非球面镜片，能大大降低广角的成像畸变，保证其具有出众画质。安装在富士 X–H2s 相机上，等效焦距为 24~84mm，覆盖了从广角到中焦的常用焦距，是典型的标准变焦镜头，可用于拍摄人像、风光等常见题材。

由于此款镜头的重量较轻，因此搭配富士 X–H2s 相机使用时，整体比例感觉很协调，携带也很方便。

镜片结构	12 组 17 片
最大光圈	F2.8
最小光圈	F22
最近对焦距离（m）	0.6(标准拍摄模式) 0.3(微距拍摄模式)
滤镜尺寸（mm）	77
规格（mm）	约 83.3×129.5
重量（g）	655g

XF 56mmF1.2 R APD 定焦镜头

富士龙 XF 56mmF1.2 R APD 是一款标准定焦镜头，安装在富士微单机身上，视觉效果非常好。这款镜头的最大光圈为 F1.2，使用最大光圈拍摄时，即使光线并不充足，也能够得到不错的拍摄效果。

作为富士纳米技术巅峰之作的内置 APD 滤镜，可以使相机拍摄出更为平滑的散景效果，让被摄对象更突出并更具创意。此款镜头不仅在拍摄人像时表现优秀，还适用于广泛的其他拍摄对象，如静物、花卉、街景等拍摄题材。而加入的 1 片非球面镜片和 2 片超低色散镜片，可以有效减少画面的畸变和色差，使得图像质量更为优秀。

镜片结构	8 组 11 片
最大光圈	F1.2
最小光圈	F16
最近对焦距离（m）	0.7
滤镜尺寸（mm）	62
规格（mm）	约 72.2×69.7
重量（g）	405g

XF 55-200mmF3.5-4.8 R LM OIS 变焦镜头

此款镜头提供了较大光圈以及具有高速自动对焦性能的线性马达，同时具有图像防抖功能，允许摄影师使用提高 4.5 挡的快门速度进行拍摄，并且镜头重量仅为 580g，可以保证在弱光环境下手持拍摄的画质。

此款镜头的变焦比为 3.8 倍，安装在富士 X-H2s 相机上，其长焦端的换算焦距达到了 305mm，因此非常适合拍摄体育运动、野生动物等题材。

此款镜头可以与 XF 18-55mm F2.8-4 R LM OIS 或 XF 16-55mmF2.8 R LM WR 镜头搭配使用，从而用两支镜头覆盖 18mm 到 200mm 的焦距段，实现"两支镜头走天下"的目标。

镜片结构	10 组 14 片
最大光圈	F3.5~4.8
最小光圈	F22
最近对焦距离（m）	1.1
滤镜尺寸（mm）	62
规格（mm）	约 75×177
重量（g）	580g

XF 18-135mmF3.5-5.6 R LM OIS WR 变焦镜头

此款镜头最大的优点就是变焦范围大，其变焦比达到了 7.5 倍，等效焦段覆盖了 27~206mm，因此可用于拍摄人像、运动、风景、动物、静物等多种题材。

镜头采用了高性能玻璃材质，包括 4 片非球面玻璃镜片和 2 片 ED 玻璃镜片，拥有卓越的清晰度和丰富的对比度，使得广角端和长焦端都具有强大的表现力。整个镜头内的镜片都覆有多层 HT-EBC 涂层，具有高渗透性和低反射率，能够有效地减少逆光拍摄时常见的重影和眩光。

此外，此款镜头改进了低频运动的检测性能，并开发了精确感知检测信号模糊性的算法，使低速快门范围的修正性能提高了两倍，并且镜头仅重 490g，体积小巧，与富士 X-H2s 相机结合使用，可以实现不使用三脚架的轻装拍摄风格。

镜片结构	12 组 16 片
最大光圈	F3.5~5.6
最小光圈	F22
最近对焦距离（m）	0.6（标准拍摄模式） 0.45（微距拍摄模式）
滤镜尺寸（mm）	67
规格（mm）	约 75.7×158
重量（g）	490g

XF 80mmF2.8 R LM OIS WR Macro 镜头

这款微距镜头是 X 系列镜头中首款拥有 F2.8 最大光圈及 1 倍放大倍率的镜头，安装在富士 X-H2s 相机上，等效焦距为 122mm，可轻松拍出高分辨率的画面和柔美的焦外效果，是拍摄花卉、微距、人像和静物的理想选择。

此款镜头采用全新开发的光学图像防抖系统，最高可以实现 5 挡防抖性能，在拍摄微距题材时可以有效避免移位抖动情况，同时还可以抑制角度抖动。

此外，此款镜头还采用了线性马达，可以实现快速安静的自动对焦，在近距离拍摄易被打扰的对象时非常实用。若将此款镜头与 1.4 倍或 2 倍望远增倍镜配合使用，可以实现更远距离的微距题材创作。

镜片结构	12 组 16 片
光圈叶片数	9
最大光圈	F2.8
最小光圈	F22
最近对焦距离（cm）	25
最大放大倍率	1
滤镜尺寸（mm）	62
规格（mm）	80×130
重量（g）	750

选购镜头时的合理搭配

不同焦段的镜头有着不同的功用，如 85mm 焦距镜头被奉为人像摄影的不二之选，而 50mm 焦距镜头在人文、纪实等领域也有着无可替代的地位。根据被摄对象的不同，可以选择广角、中焦、长焦以及微距等多个焦段的镜头。

如果要购买多支镜头以满足不同的拍摄需求，一定要注意焦段的合理搭配，比如 XF 16-55mmF2.8 R LM WR、XF 55-200mmF3.5-4.8 R LM OIS、XF100-400mmF4.5-5.6 R LM OIS WR，覆盖了从广角到长焦最常用的焦段，并且各镜头之间焦距的衔接极为紧密，即使是专业摄影师来使用，也能够满足绝大部分拍摄需求。

即使是普通的摄影爱好者，在选购镜头时也应该特别注意各镜头间的焦段搭配，尽量避免重合，甚至可以留出一定的"中空"，以避免焦段重合而造成浪费，毕竟好的镜头是很贵的。

16~55mm 焦段	55~200mm 焦段	100~400mm 焦段
XF 16-55mmF2.8 R LM WR	XF 55-200mmF3.5-4.8 R LM OIS	XF100-400mmF4.5-5.6 R LM OIS WR

与镜头相关的常见问题解答

Q：如何准确理解焦距？

A：镜头的焦距是指对无限远处的被摄体对焦时镜头中心到成像面的距离，一般用长短来描述。焦距变化带来的不同视觉效果主要体现在视角上。

视野宽广的广角镜头，光照射进来的入射角度较大，镜头中心到光集结起来的成像面之间的距离较短，对角线视角较大，因此能够拍出场景更广阔的画面；而视野窄的长焦镜头，光的入射角度较小，镜头中心到成像面的距离较长，对角线视角较小，因此适合以特写的角度拍摄远处的景物。

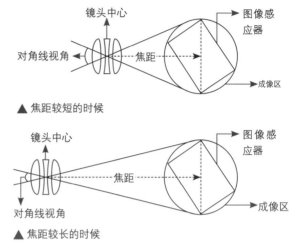

▲ 焦距较短的时候

▲ 焦距较长的时候

Q：使用广角镜头的缺点是什么？

A：广角镜头虽然非常有特色，但也存在一些缺陷。

● 边角模糊：对于广角镜头，特别是广角变焦镜头，最常见的问题是照片四角模糊。这是由镜头的结构导致的，因此这个现象较为普遍，尤其是使用 F2.8、F4 这样的大光圈时。在廉价广角镜头中，这种现象更严重。

● 暗角：由于广角镜头的光线是以倾斜的角度进入的，此时光圈的开口不再是一个圆形，而是类似于椭圆的形状，因此照片的四角会出现变暗的情况，如果缩小光圈，则可以减弱这个现象。

● 桶形失真：使用广角镜头拍摄的图像，除中心位置以外的直线将呈向外弯曲的形状（好似一个桶的形状），因此在拍摄人像、建筑等题材时，会导致所拍摄出来的照片失真。

Q：怎么拍出没有畸变与透视感的照片？

A：要想拍出畸变小、透视感不强烈的照片，就不能使用广角镜头进行拍摄，而是选择一个较远的距离，使用长焦镜头拍摄。这是因为在远距离下，长焦镜头可以将近景与远景间的纵深感减少，以形成压缩效果，因而容易得到畸变小、透视感弱的照片。

Q：用脚架拍摄时是否要关闭防抖功能？

A：一般情况下，使用脚架拍摄时需要关闭防抖功能，这是为了防止防抖功能将脚架的调整误检测为手的抖动。

▲ 广角镜头有利于在狭窄的街道拍摄

▲ 广角镜头能拉伸前景栏杆线条

Q：什么是对焦距离？

A：所谓对焦距离是指被摄体到成像面（图像感应器）的距离，以相机焦平面标记到被摄体合焦位置的距离为计算基准。

许多摄影师常常将其与镜头前端到被摄体的距离（工作距离）相混淆，其实对焦距离与工作距离是两个不同的概念。

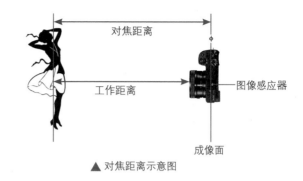

▲ 对焦距离示意图

Q：什么是最近对焦距离？

A：最近对焦距离是指能够对被摄体合焦的最短距离。也就是说，如果被摄体到相机成像面的距离短于该距离，那么就无法完成合焦，即距离相机小于最近对焦距离的被摄体将会被全部虚化。在实际拍摄时，拍摄者应根据被摄体的具体情况和拍摄目的来选择合适的镜头。

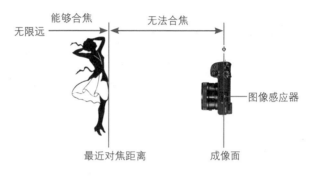

▲ 最近对焦距离示意图

Q：什么是镜头的最大放大倍率？

A：最大放大倍率是指被摄体在成像面上的成像大小与实际大小的比率。如果拥有最大放大倍率为等倍的镜头，就能够在图像感应器上得到和被摄体实际大小相同的图像。

对于数码照片，因为可以使用比图像感应器尺寸更大的回放设备（如计算机等）进行浏览，所以成像看起来如同被放大一般，但最大放大倍率应该以在成像面上的成像大小为基准。

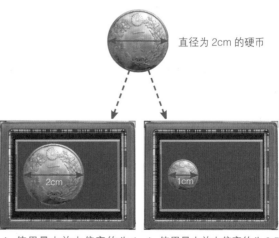

▲ 使用最大放大倍率约为1倍的镜头拍摄到最大的形态，在图像感应器上的成像直径为2cm

▲ 使用最大放大倍率约为0.5倍的镜头拍摄到最大的形态，在图像感应器上的成像直径为1cm

第 8 章

摄影及视频拍摄
必备附件

用三脚架与独脚架保持拍摄的稳定性

脚架类型及各自的特点

在拍摄微距、长时间曝光题材或使用长焦镜头拍摄动物时，脚架是必备的摄影配件之一，使用它可以让相机变得更稳定，即使在长时间曝光的情况下，也能够拍摄到清晰的照片。

对比项目		说 明
铝合金	碳素纤维	铝合金脚架较便宜，但较重，不便携带 碳素纤维脚架的档次要比铝合金脚架高，便携性、抗震性、稳定性都很好，但是价格很高
三脚	独脚	三脚架稳定性好，在配合快门线、遥控器的情况下，可实现完全脱机拍摄 独脚架的稳定性要弱于三脚架，在使用时需要摄影师来控制独脚架的稳定性。但由于其体积和重量只有三脚架的1/3，因此携带十分方便
三节	四节	三节脚管的三脚架稳定性高，但略显笨重，携带稍微不便 四节脚管的三脚架能收得更短，因此携带更为方便。但是当脚管全部打开时，由于尾端的脚管比较细，稳定性不如三节脚管的三脚架好
三维云台	球形云台	三维云台的承重能力强、构图十分精准，缺点是占用的空间较大，在携带时稍显不便 球形云台体积较小，只要旋转按钮，就可以让相机迅速转到所需要的角度，操作起来十分便利

分散脚架的承重

在海滩、沙漠、雪地拍摄时，由于沙子或雪比较柔软，三脚架的支架会不断地陷入其中，即使是质量很好的三脚架，也很难保持拍摄的稳定性。

尽管陷进足够深的地方能有一定的稳定性，但是沙子、雪会覆盖整个支架，容易造成脚架的关节处损坏。

在这样的情况下，就需要一些物体来分散三脚架的重量，一些厂家生产了雪靴，安装在三脚架上可以防止脚架陷入雪或沙子中。如果没有雪靴，也可以自制三脚架的"靴子"，比如平坦的石块、旧碗碟或屋顶的砖瓦都可以。

▲ 扁平状的"雪靴"可以防止脚架陷入沙地或雪地

用快门线控制拍摄

在拍摄长时间曝光的题材时，如夜景、慢速流水、车流，如果希望获得极为清晰的照片，只有三脚架支撑相机是不够的，因为直接用手去按快门按钮拍摄，还是会造成画面模糊。这时，快门线便派上用场了。使用快门线就是为了尽量避免直接按下机身快门按钮时可能产生的震动，以保证拍摄时相机保持稳定，从而获得更清晰的画面。

将快门线与相机连接后，可以半按快门线上的快门按钮进行对焦，完全按下快门进行拍摄。但由于不用触碰机身，因此在拍摄时可以避免相机的抖动。富士 X-H2s 使用的是型号为 RR-100 的快门线。

▲ RR-100 快门线

使用定时自拍避免相机震动

富士 X-H2s 提供了 2 秒和 10 秒自拍驱动模式。在这两种模式下，当摄影师按下快门按钮后，自拍定时指示灯会闪烁并且发出提示声音，然后相机分别于 2 秒或 10 秒后自动拍摄。

由于在 2 秒自拍模式下，快门会在按下快门 2 秒后，才开始释放并曝光，因此可以将由于手部动作造成的震动降至最低，从而得到清晰的照片。

自拍模式适用于自拍或合影，摄影师可以预先取好景，并设定好对焦，然后按下快门按钮，在 10 秒内跑到自拍处或合影处，摆好姿势等待拍摄便可。

定时自拍还可以在没有三脚架或快门线的情况下，用于拍摄长时间曝光的题材，如星空、夜景、雾化的水流、车流等题材。

▶ 当在没有三脚架的情况下想拍雾化的水流照片时，可以将相机的驱动模式设置为 2 秒自拍模式，然后将相机放置在稳定的地方进行拍摄，也是可以获得清晰画面的

视频拍摄稳定设备

手持式稳定器

在手持相机的情况下拍摄视频，往往会产生明显的抖动。这时就需要使用可以让画面更稳定的器材，比如手持稳定器。

这种稳定器的使用无须练习，只需选择相应的模式，就可以拍出比较稳定的画面，而且体积小、重量轻，非常适合业余视频爱好者使用。

在拍摄过程中，稳定器会不断自动进行调整，从而抵消掉手抖或在移动时造成的相机震动。

由于此类稳定器是电动的，所以与手机上的 App 搭配使用，可以实现一键拍摄全景、延时、慢门轨迹等特殊功能。

▲ 手持式稳定器

摄像专用三脚架

与便携的摄影三脚架相比，摄像三脚架为了更好的稳定性而牺牲了便携性。

一般来讲，摄影三脚架在3个方向上各有1根脚管，也就是三脚管。而摄像三脚架在3个方向上最少各有3根脚管，也就是共有9根脚管，再加上底部的脚管连接设计，其稳定性要高于摄影三脚架。另外，脚管数量越多的摄像专用三脚架，其最大高度也更高。

对于云台，为了在摄像时能够实现在单一方向上精确、稳定地转换视角，摄像三脚架一般使用带摇杆的三维云台。

▲ 摄像专用三脚架

滑轨

相比稳定器，利用滑轨移动相机录制视频可以获得更稳定、更流畅的镜头表现。利用滑轨进行移镜、推镜等运镜时，可以呈现出电影级的效果，所以是更专业的视频录制设备。

另外，如果希望在录制延时视频时呈现一定的运镜效果，准备一个电动滑轨就十分有必要。因为电动滑轨可以实现微小的、匀速的持续移动，从而在短距离的移动过程中，拍摄多张延时素材，这样通过后期合成，就可以得到连贯的、顺畅的、带有运镜效果的延时摄影画面。

▲ 滑轨

视频拍摄采音设备

在室外或者不够安静的室内录制视频时，单纯通过相机自带的麦克风和声音设置往往无法得到满意的采音效果，这时就需要使用外接麦克风来提高视频中的音质。

无线领夹麦克风

无线领夹麦克风也被称为"小蜜蜂"。其优点在于小巧、便携，并且可以在不面对镜头，或者在运动过程中进行收音；但缺点是当需要对多人采音时，则需要准备多个发射端，相对来说比较麻烦。另外，在录制采访视频时，也可以将"小蜜蜂"发射端拿在手里，当作话筒使用。

▲ 便携的"小蜜蜂"

枪式指向性麦克风

枪式指向性麦克风通常安装在相机的热靴上进行固定。因此录制一些面对镜头说话的视频，比如讲解类、采访类视频时，就可以着重采集话筒前方的语音，避免周围环境带来的噪声。

同时，在使用枪式麦克风时，也不用在身上佩戴麦克风，可以让被摄者的仪表更自然、美观。

▲ 枪式指向性麦克风

为麦克风戴上防风罩

为避免户外录制视频时出现风噪声，建议各位为麦克风戴上防风罩。防风罩主要分为毛套防风罩和海绵防风罩，其中海绵防风罩也被称为防喷罩。

一般来说，户外拍摄建议使用毛套防风罩，其效果比海绵防风罩更好。

▲ 毛套防风罩

而在室内录制时，使用海绵防风罩即可，不仅能起到去除杂音的作用，还可以防止唾液喷入麦克风，这也是海绵防风罩也被称为防喷罩的原因。

▲ 海绵防风罩

视频拍摄灯光设备

在室内录制视频时,如果利用自然光来照明,那么如果录制时间稍长,光线就会发生变化。比如,下午 2 点到 5 点,光线的强度和色温都在不断降低,导致画面出现由亮到暗、由色彩正常到色彩偏暖的变化,从而很难拍出画面影调、色彩一致的视频。而如果采用室内一般的灯光进行拍摄,灯光亮度又不够,打光效果也无法控制。所以,想录制出效果更好的视频,一些比较专业的室内灯光设备是必不可少的。

简单实用的平板 LED 灯

一般来讲,在拍摄视频时往往需要比较柔和的灯光,让画面中不会出现明显的阴影,并且呈现柔和的明暗过渡。而在不增加任何其他配件的情况下,平板LED灯本身就能通过大面积的灯珠打出比较柔和的光。

当然,也可以为平板LED灯增加色片、柔光板等配件,让光质和光源色产生变化。

▲ 平板 LED 灯

更多可能的 COB 影视灯

这种灯的形状与影室闪光灯非常像,并且同样带有灯罩卡口,从而让影室闪光灯可用的配件在COB影视灯上均可使用,让灯光更可控。

常用的配件有雷达罩、柔光箱、标准罩和束光筒等,可以打出或柔和或硬朗的光线。

因此,丰富的配件和光效是更多的人选择COB影视灯的原因。有时候人们也会把COB影视灯当作主灯,把平板LED灯当作辅助灯进行组合打光。

▲ COB 影视灯搭配柔光箱

短视频博主最爱的 LED 环形灯

如果不懂布光,或者不希望在布光上花费太多时间,只需要在面前放一盏LED环形灯,就可以均匀地打亮面部并形成眼神光了。

当然,LED 环形灯也可以配合其他灯光使用,让面部光影更均匀。

▲ 环形灯

简单实用的三点布光法

三点布光法是拍摄短视频、微电影的常用布光方法。"三点"分别为位于主体侧前方的主光，以及另一侧的辅光和侧逆位的轮廓光。

这种布光方法既可以打亮主体，将主体与背景分离，还能够营造一定的层次感、造型感。

一般情况下，主光的光质相对辅光要硬一些，从而让主体形成一定的阴影，增加影调的层次感。既可以使用标准罩或蜂巢来营造硬光，也可以通过相对较远的灯位来提高光线的方向性。也正是这个原因，在三点布光法中，主光的距离往往比辅光要远一些。辅光作为补充光线，其强度应该比主光弱，主要用来形成较为平缓的明暗对比。

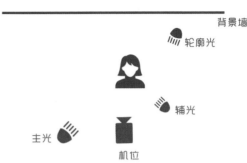

在三点布光法中，也可以不要轮廓光，而用背景光来代替，从而降低人物与背景的对比，让画面整体更明亮，影调也更自然。如果想为背景光加上不同颜色的色片，还可以通过色彩营造独特的画面氛围。

用氛围灯让视频更美观

前面讲解的灯光基本上只有将场景照亮的作用，但如果想让场景更美观，那么还需要购置氛围灯，从而为视频画面增加不同颜色的灯光效果。

例如，在右图所示的场景中，笔者的身后使用了两盏氛围灯，一盏能够自动改变颜色，一盏是恒定的暖黄色。

下面展示的3个主播同样使用了不同的氛围灯。

▶ 笔者用的变形氛围灯

▲ 3个主播使用了不同的氛围灯

要布置氛围灯可以直接在电商网站上以"氛围灯"为关键词进行搜索，找到不同类型的灯具。

也可以"智能LED灯带"为关键词进行搜索，购买可以按自己的设计布置成任意形状的灯带。

▶ 智能 LED 灯带

视频拍摄外采、监看设备

视频拍摄外采设备也被称为监视器、记录仪和录像机等，其作用主要有两点。

提升视频画质

使用外采设备能拍摄更高质量的视频，要使用富士X-H2s录制RAW格式的视频，必须将视频输出到通过HDMI外接的兼容设备。

提升监看效果

▲ 安装在相机上的外录设备

监视器面积更大，可以代替相机上的小屏幕，使创作者能看到更精细的画面。由于监视器的亮度普遍更高，所以即便在户外的强光下，也可以清晰地看到录制效果。

有些相机的液晶屏没有翻转功能，或者可以翻转但程度有限。使用有翻转功能的外接监视器，可以方便创作者以多个角度监看视频拍摄画面。

利用监视器还可以直接将相机中以F-log模式录制的画面转换为HDR效果，让创作者直接看到最终模拟效果。

有些监视器不仅支持触屏操作，还有完善的辅助构图、曝光、焦点控制工具，可以弥补相机的功能短板。

通过提词器让语言更流畅

提词器是一个通过高亮度的显示器显示文稿内容，并将显示器显示的内容反射到相机镜头前一块呈45°角的专用镀膜玻璃上，把台词反射出来的设备。它可以让演讲者在看演讲词时，依旧保持很自然的对着镜头说话的感觉。

由于提词器需要经过镜面反射，所以除了硬件设备，还需要使用软件来将正常的文字进行方向上的变换，从而在提词器上显示出正常的文稿。

通过提词器软件，字体的大小、颜色、文字滚动速度均可以按照演讲人的需求改变。值得一提的是，如果是一个团队进行视频录制，可以派专人控制提词器，从而确保提词速度可以根据演讲人语速的变化而变化。

如果更看中便携性，也可以把手机当作显示器的简易提词器。

当使用这种提词器配合微单相机拍摄时，要注意支架的稳定性，必要时需要在支架前方进行配重，以免因为微单相机太重，而支架又比较单薄导致设备损坏。

▲ 专业提词器

▲ 简易提词器

第 9 章

拍视频必学的镜头语言与
分镜头脚本撰写方法

推镜头的 6 大作用

强调主体

推镜头是指镜头从全景或别的大景位由远及近，向被摄对象推进拍摄，最后使景别逐渐变成近景或特写，最常用于强调画面的主体。例如，下面的组图展示了一个通过推镜头强调居中在讲解的女孩的效果。

突出细节

推镜头可以通过放大画面来突出事物的细节或人物的表情、动作，从而使观众得以知晓剧情的重点在哪里，以及人物对当前事件的反应。例如，在早期的很多谈话类节目中，当被摄对象谈到伤心处，摄影师都会推上一个特写，展现含满泪花的眼睛。

引入角色及剧情

推镜头这种景别逐渐变小的运镜方式进入感极强，也常被用于视频的开场，在交代地点、时间、环境等信息后，正式引入主角或主要剧情。许多导演都会把开场的任务交给气势恢宏的推镜头，从大环境逐步过渡到具体的故事场景，如徐克的《龙门飞甲》。

制造悬念

当推镜头作为一组镜头的开始镜头使用时，往往可以制造悬念。例如，一个逐渐推进到角色震惊表情的镜头可以引发观众的好奇心——角色到底看到了什么才会如此震惊？

改变视频的节奏

通过改变推镜头的速度可以影响和调整画面节奏，一个缓慢向前推进的镜头给人一种冷静思考的感觉，而一个快速向前推进的镜头给人一种突然间有所醒悟、有所发现的感觉。

减弱运动感

当以全景表现运动的角色时，速度感是显而易见的。但如果利用推镜头以特写的景别来表现角色，则会由于没有对比而弱化运动感。

拉镜头的 6 大作用

展现主体与环境的关系

拉镜头是指摄影师通过拖动摄影器材或以变焦的方式，将视频画面从近景逐渐变换到中景甚至全景的操作，常用于表现主体与环境关系。例如，下面的拉镜头展现了模特与直播间的关系。

以小见大

例如，先特写面包店脱落的油漆、被打破的玻璃窗，然后逐渐后拉呈现一场灾难后的城市。这个镜头就可以把整个城市的破败与面包店联系起来，有以小见大的作用。

体现主体的孤立、失落感

拉镜头可以将主体孤立起来。比如，一个女人站在站台上，火车载着她唯一的孩子逐渐离去，架在火车上的摄影机逐渐远离女人，就能很好地体现出她的失落感。

引入新的角色

在后拉镜头过程中，可以非常合理地引入新的角色、元素。例如，在一间办公室中，领导正在办公，通过后拉镜头的操作，将旁边整理文件的秘书引入画面，并与领导产生互动，如果空间够大，还可以继续后拉，引入坐在旁边焦急等待的办事群众。

营造反差

在后拉镜头的过程中，由于引入了新的元素，因此可以借助新元素与原始信息营造反差。例如，特写一个身着凉爽服装的女孩，镜头后拉，展现的环境却是冰天雪地。

又如，特写一个正襟危坐、西装革履的主持人，将镜头拉远之后，却发现他穿的是短裤、拖鞋。

营造告别感

拉镜头从视频效果上看是观众在后退，从故事中抽离出去，这种退出感、终止感具有很强的告别意味，因此如果找不到合适的结束镜头，不妨试一下拉镜头。

摇镜头的 6 大作用

介绍环境

　　摇镜头是指机位固定，通过旋转摄影器材进行拍摄的运镜方式，分为水平摇拍及垂直摇拍。左右水平摇镜头适合拍摄壮阔的场景，如山脉、沙漠、海洋、草原和战场；上下摇镜头适用于展示人物或建筑的雄伟，也可用于展现峭壁的险峻。

模拟审视观察

　　摇镜头的视觉效果类似于一个人站在原地不动，通过水平或垂直转动头部，仔细观察所处的环境。摇镜头的重点不是起幅或落幅，而是在整个摇动过程中展现的信息，因此不宜过快。

强调逻辑关联

　　摇镜头可以暗示两个不同元素间的逻辑关系。例如，当镜头先拍摄角色，再随着角色的目光摇镜头拍摄衣橱，则观众就能明白两者之间的联系。

转场过渡

　　在一个起幅画面后，利用极快的摇摄使画面中的影像全部虚化，过渡到下一个场景，可以给人一种时空穿梭的感觉。

表现动感

　　当拍摄运动的对象时，先拍摄其由远到近的动态，再利用摇镜头表现其经过摄影机后由近到远的动态，可以很好地表现运动物体的动态、动势、运动方向和运动轨迹。

组接主观镜头

　　当前一个镜头表现的是一个人环视四周的场景，下一个镜头就应该用摇镜头表现其观看到的空间，即利用摇镜头表现角色的主观视线。

移镜头的 4 大作用

赋予画面流动感

移镜头是指摄影机在一个水平面上左右或上下移动（在纵深方向移动则为推/拉镜头）进行拍摄的运镜方式，拍摄时摄影机有可能被安装在移动轨上或配滑轮的脚架上，也有可能被安装在升降机上进行滑动拍摄。由于采用移镜头方式拍摄时，机位是移动的，所以画面具有一定的流动感，这会让观众感觉仿佛置身于画面中，视频画面更有艺术感染力。

展示环境

移镜头展示环境的作用与摇镜头十分相似，但由于移镜头打破了机位固定的限制，可以随意移动，甚至可以越过遮挡物展示空间的纵深感，因而移镜头表现的空间比摇镜头更有层次，视觉效果更为强烈。最常见的是在旅行过程中，将拍摄器材贴在车窗上拍摄快速后退的外景。

模拟主观视角

以移镜头的形式拍摄的视频画面，可以形成角色的主观视角，展示被摄角色以穿堂入室、翻墙过窗、移动逡巡的形式看到的景物。这样的画面能给观众很强的代入感，使其有身临其境的感受。

在拍摄商品展示、美食类视频时，常用这种运镜方式模拟仔细观察、检视的过程。此时，手持拍摄设备缓慢移动进行拍摄即可。

创造更丰富的动感

在具体拍摄时，如果拍摄条件有限，摄影师可能更多地采用简单的水平或垂直移镜拍摄，但如果有更大的团队、更好的器材，可综合使用移镜、摇镜及推拉镜头，以创造更丰富的动感视角。

跟镜头的 3 种拍摄方式

跟镜头又称"跟拍",是跟随被摄对象进行拍摄的运镜方式。跟镜头可连续而详尽地表现角色在行动中的动作和表情,既能突出运动中的主体,又能交代动体的运动方向、速度、体态及其与环境的关系。按摄影机的方位可以分为前跟、后跟(背跟)和侧跟 3 种方式。

前跟常用于采访,即拍摄器材在人物前方,形成"边走边说"的效果。

运动类视频通常采用侧面拍摄,表现人物运动的姿态。

后跟用于追随线索人物游走于一个大场景之中,将一个超大空间里的方方面面——介绍清楚,同时保证时空的完整性。根据剧情,还可以表现角色被追赶、跟踪的效果。

升降镜头的作用

上升镜头是指相机的机位慢慢升起,从而表现被摄体的高大。在影视剧中,也被用来表现悬念;而下降镜头的方向则与之相反。升降镜头的特点在于能够改变镜头和画面的空间,有助于增强戏剧效果。

例如,在电影《一路响叮当》中,使用了升镜头来表现高大的圣诞老人角色。

在电影《盗梦空间》中,使用升镜头表现折叠起来的城市。

需要注意的是,不要将升降镜头与摇镜头混为一谈。比如,机位不动,仅将镜头仰起,此为摇镜头,展现的是拍摄角度的变化,而不是高度的变化。

甩镜头的作用

甩镜头是指一个画面拍摄结束后，迅速旋转镜头到另一个方向的运镜方式。由于甩镜头时，画面的运动速度非常快，所以该部分画面内容是模糊不清的，但这正好符合人眼的视觉习惯（与快速转头时的视觉感受一致），所以会给观赏者带来较强的临场感。

值得一提的是，甩镜头既可以在同一场景中的两个不同主体间快速转换，模拟人眼的视觉效果；也可以在甩镜头后直接接入另一个场景的画面（通过后期剪辑进行拼接），从而表现同一时间不同空间中并列发生的事情，此法在影视剧制作中经常出现。在电影《爆裂鼓手》中有一段精彩的甩镜头示范，镜头在老师与学生间不断甩动，体现了两者之间的默契与音乐的律动。

环绕镜头的作用

将移镜头与摇镜头组合起来，就可以实现一种比较炫酷的运镜方式——环绕镜头。

实现环绕镜头最简单的方法，就是将相机安装在稳定器上，然后手持稳定器，在尽量保持相机稳定的前提下绕人物走一圈儿，也可以使用环形滑轨。

通过环绕镜头可以360°全方位地展现主体，经常用于突出新登场的人物，或者展示景物的精致细节。

例如，一个领袖发表演说，摄影机在他们后面做半圆形移动，使领袖保持在画面的中央，这就突出了一个中心人物。在电影《复仇者联盟》中，当多个人员集结时，也使用了这样的镜头来表现集体的力量。

镜头语言之起幅与落幅

无论使用前面讲述的推、拉、摇、移等诸多种运镜方式的哪一种，在拍摄时这个镜头通常都是由 3 部分组成的，即起幅、运动过程和落幅。

理解起幅与落幅的含义和作用

起幅是指运动镜头开始的画面，即从固定镜头逐渐转为运动镜头的过程中，拍摄的第一个画面。

为了让运动镜头之间的连接没有跳动感、割裂感，往往需要在运动镜头的结尾处逐渐转为固定镜头，称为落幅。

除了可以让镜头之间的连接更加自然、连贯，起幅和落幅还可以让观赏者在运动镜头中看清画面中的场景。起幅与落幅的时长一般为 1 秒左右，如果画面信息量比较大，如远景镜头，则可以适当延长时间。

在使用推、拉、摇、移等运镜方式进行拍摄时，都以落幅为重点，落幅画面的视频焦点或重心是整个段落的核心。

如右侧图中上方为起幅，下方为落幅。

起幅与落幅的拍摄要求

由于起幅和落幅是固定镜头，考虑到画面美感，在构图时要严谨。尤其是在拍摄到落幅阶段时，镜头停稳的位置、画面中主体的位置和所包含的景物均要进行精心设计。

如右侧图上方起幅使用 V 形构图，下方落幅使用水平线构图。

停稳的时间也要恰到好处。过晚进入落幅，则在与下一段起幅衔接时会出现割裂感，而过早进入落幅，又会导致镜头停滞时间过长，让画面显得僵硬、死板。

在镜头开始运动和停止运动的过程中，镜头速度的变化要尽量均匀、平稳，从而让镜头衔接更加自然、顺畅。

空镜头、主观镜头与客观镜头

空镜头的作用

空镜头又称景物镜头，根据镜头所拍摄的内容，可分为写景空镜头和写物空镜头。写景空镜头多为全景、远景，也称为风景镜头；写物空镜头则大多为特写和近景。

空镜头可以有渲染气氛，也可以用来借景抒情。

例如，当一档反腐视频节目结束时，旁白是"留给他的将是监狱中的漫漫人生"，画面是监狱高墙及墙上的电网，并且随着背景音乐画面逐渐模糊直到黑场。这个空镜头暗示了节目主人公余生将在高墙内度过，未来的漫漫人生将是灰暗的。

此外，还可以利用空镜头进行时空过渡。

镜头一：中景，小男孩走出家门。

镜头二：全景，森林。

镜头三：近景，树木局部。

镜头四：中景，小男孩在森林中行走。

在这组镜头中，镜头二与镜头三均为空镜头，很好地起到了时空过渡的作用。

客观镜头的作用

客观镜头的视点模拟的是旁观者或导演的视点，对镜头所展示的事情不参与、不判断、不评论，只是让观众有身临其境之感，所以也称为中间镜头。

新闻报道就大量使用了客观镜头，只报道新闻事件的状况、发生的原因和造成的后果，不作任何主观评论，让观众去评判、思考。画面是客观的，内容是客观的，记者的立场也是客观的，从而达到新闻报道客观、公正的目的。例如，下面是一个记录白天鹅栖息地的纪录片截图。

客观镜头的客观性包括两层含义。

客观反映对象自身的真实性。

对拍摄对象的客观描述。

主观镜头的作用

从摄影的角度来说，主观镜头就是摄影机模拟人的观察视角，视频画面展现人观察到的情景，这样的画面具有较强的代入感，也被称为第一视角画面。

例如，在电影中，当角色通过望远镜观察时，下一个镜头通常都会模拟通过望远镜观看到的景物，这就是典型的第一视角主观镜头。

网络上常见的美食制作讲解、台球技术讲解、骑行风光、跳伞、测评等类型的视频，多数采用主观镜头。在拍摄这样的主观镜头时，多数采用将 GoPro 等便携式摄像设备固定在拍摄者身上的方式，有时也会采用手持式拍摄，因为画面的晃动能更好地模拟一个人的运动感，将观众带入情节画面。

在拍摄剧情类视频时，一个典型的主观镜头，通常是由一组镜头构成的，以告诉观众谁在看、看什么、看到后的反应及如何看。

回答这 4 个问题可以安排下面这样一组镜头。

一镜是人物的正面镜头，这个镜头要强调看的动作，回答是谁在看。

二镜是人物的主观镜头，这个镜头要强调所看到的内容，回答人物在看什么。

三镜是人物的反应镜头，这个镜头侧重强调看到后的情绪，如震惊、喜悦等。

四镜是带关系的主观镜头，一般将拍摄器材放在人物的后面，以高于肩膀的高度拍摄。这个镜头提示看与被看的关系，体现二者的空间关系。

了解拍摄前必做的分镜头脚本

通俗地说,分镜头脚本就是将一段视频包含的每一个镜头拍什么、怎么拍,先用文字写出来或画出来(有人会利用简笔画表明分镜头脚本的构图方法),也可以理解为拍视频之前的计划书。

对于影视剧的拍摄,分镜头脚本有着严格的绘制要求,是前期拍摄和后期剪辑的重要依据,并且需要经过专业的训练才能完成。但作为普通摄影爱好者,大多数都以拍摄短视频或者 Vlog 为目的,因此只需了解其作用和基本撰写方法即可。

指导前期拍摄

即便是拍摄一条长度仅为 10 秒左右的短视频,通常也需要 3 ~ 4 个镜头来完成。那么 3 个或 4 个镜头计划怎么拍,就是分镜脚本中应该写清楚的内容。这样可以避免到了拍摄场地后现场构思,既浪费时间,又可能因为思考时间太短,而得不到理想的画面。

值得一提的是,虽然分镜头脚本有指导前期拍摄的作用,但不要被其所束缚。在实地拍摄时,如果有更好的创意,则应该果断采用新方法进行拍摄。

下面展示的是徐克、姜文、张艺谋 3 位导演的分镜头脚本,可以看出来即便是大导演也在遵循严格的拍摄规划流程。

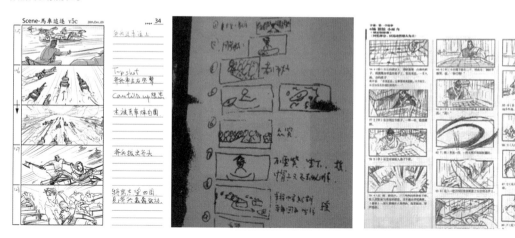

后期剪辑的依据

根据分镜头脚本拍摄的多个镜头,需要通过后期剪辑合并成一段完整的视频。因此,镜头的排列顺序和镜头转换的节奏都需要以分镜头脚本作为依据。尤其是在拍摄多组备用镜头后,很容易相互混淆,导致不得不花费更多的时间进行整理。

另外,由于拍摄时现场的情况很可能与预期不同,所以前期拍摄未必全按照分镜头脚本进行。此时就需要懂得变通,抛开分镜头脚本,寻找最合适的方式进行剪辑。

分镜头脚本的撰写方法

掌握了分镜头脚本的撰写方法，也就学会了如何制订短视频或者 Vlog 的拍摄计划。

一份完善的分镜头脚本应该包含镜头编号、景别、拍摄方法、时长、画面内容、拍摄解说和音乐 7 部分内容。下面逐一讲解每部分内容的作用。

（1）镜头编号：镜头编号代表各个镜头在视频中出现的顺序。绝大多数情况下，它也是前期拍摄的顺序（因客观原因导致个别镜头无法拍摄时，则会先跳过）。

（2）景别：景别分为全景（远景）、中景、近景和特写，用于确定画面的表现方式。

（3）拍摄方法：针对被摄对象描述镜头运用方式，是分镜头脚本中唯一对拍摄方法的描述。

（4）时间：用来预估该镜头的拍摄时长。

（5）画面：对拍摄的画面内容进行描述。如果画面中有人物，则需要描绘人物的动作、表情和神态等。

（6）解说：对拍摄过程中需要强调的细节进行描述，包括光线、构图及镜头运用的具体方法等。

（7）音乐：确定背景音乐。

提前对上述 7 部分内容进行思考并确定，整段视频的拍摄方法和后期剪辑的思路、节奏就基本确定了。虽然思考的过程比较费时，但正所谓"磨刀不误砍柴工"，做一份详尽的分镜头脚本，可以让前期拍摄和后期剪辑轻松很多。

撰写分镜头脚本实践

了解了分镜头脚本所包含的内容后，就可以尝试自己进行撰写了。这里以在海边拍摄一段短视频为例，向读者介绍分镜头脚本的撰写方法。

由于分镜头脚本是按不同镜头进行撰写的，所以一般都以表格的形式呈现。但为了便于介绍撰写思路，会先以成段的文字进行讲解，最后通过表格呈现最终的分镜头脚本。

首先整段视频的背景音乐统一确定为陶喆的《沙滩》，然后再通过分镜头讲解设计思路。

镜头 1：人物在沙滩上散步，并在旋转过程中让裙子散开，表现出在海边散步的惬意。所以"镜头 1"利用远景将沙滩、海水和人物均纳入画面中。为了让人物在画面中显得比较突出，应穿着颜色鲜艳的服装。

镜头 2：由于"镜头 3"中将出现新的场景，所以将"镜头 2"设计为一个空镜头，单独表现"镜头 3"中的场地，让镜头彼此之间具有联系，起到承上启下的作用。

镜头 3：经过前面两个镜头的铺垫，此时通过在垂直方向上拉镜头的方式，让镜头逐渐远离人物，表现出栈桥的线条感与周围环境的空旷、大气之美。

镜头 4：最后一个镜头则需要将画面拉回到视频中的主角——人物身上。同样通过远景来表现，同时兼顾美丽的风景与人物。在构图时要利用好栈桥的线条，形成透视牵引线，增强画面的空间感。

经过上述思考，就可以将分镜头脚本以表格的形式表现出来了，最终的成品参见下表。

镜头 1

镜头 2

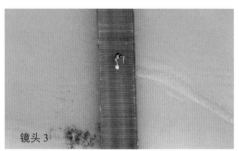

镜头 3

镜头 4

镜号	景别	拍摄方法	时间	画面	解说	音乐
1	远景	以移动机位拍摄人物与沙滩	3 秒	穿着红衣的女子在海边的沙滩上散步	采用稍微俯视的角度，表现沙滩与海水，女子可以摆动起裙子	《沙滩》
2	中景	以摇镜头的方式表现栈桥	2 秒	狭长栈桥的全貌逐渐出现在画面中	摇镜头的最后一个画面，需要栈桥透视线的灭点位于画面中央	同上
3	中景 + 远景	以中景俯拍人物，采用拉镜头的方式，让镜头逐渐远离人物	10 秒	从画面中只有人物与栈桥，再到周围的海水，再到更大的空间	通过长镜头，以及拉镜头的方式，让画面中逐渐出现更多的内容，引起观赏者的兴趣	同上
4	远景	以固定机位拍摄	7 秒	女子在风景优美的栈桥上翩翩起舞	利用栈桥让画面更具空间感。人物站在靠近镜头的位置，使其占据一定的画面比例	同上

第 10 章

录制常规、延时及慢动作
视频的参数设置方法

拍摄视频的基本流程

使用富士X-H2s相机拍摄视频的操作比较简单，下面列出基本流程。

❶ 将拍摄模式拨盘旋转至摄像的位置。

❷ 如果希望手动控制视频的曝光量，在"视频设置"→"拍摄模式"菜单中，将拍摄模式设置为M挡。如果希望相机自动控制视频的曝光量，则设置为P、A或者S模式，然后根据被摄对象的运动状态，选择单次自动对焦模式或连续自动对焦模式。

❸ 在"视频设置"→"摄像模式"菜单中设置好视频尺寸与帧率。

❹ 设置好曝光、白平衡、胶片模拟等参数后，完成对焦及构图操作，按下机顶红色录制按钮即可开始录制，屏幕中将显示录制指示和剩余时间。

❺ 再次按下录制按钮则结束录制。

▲ 切至视频录制模式　　▲ 在拍摄前，可以先半按快门进行自动对焦，或者转动镜头对焦环手动对焦。　　▲ 按下录制按钮，将开始录制视频，此时会在屏幕上边显示一个红色的圆圈。

视频拍摄状态下的信息显示

在视频拍摄模式下，连续按DISP/BACK按钮，可以在不同的信息内容之间进行切换。

❶ 快门速度
❷ 拍摄模式
❸ 对焦模式
❹ 录制音量
❺ 脸部识别/眼睛识别
❻ 曝光指示
❼ 对焦框
❽ 编解码器
❾ 摄像压缩
❿ 蓝牙开/关
⓫ 摄像模式
⓬ 剩余时间

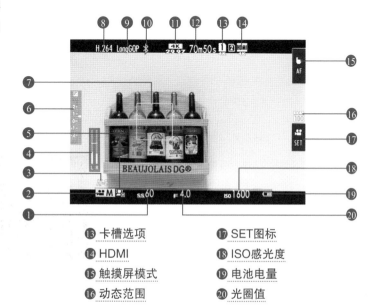

⓭ 卡槽选项　　⓱ SET图标
⓮ HDMI　　⓲ ISO感光度
⓯ 触摸屏模式　　⓳ 电池电量
⓰ 动态范围　　⓴ 光圈值

设置视频拍摄模式

与拍摄照片一样，拍摄视频时也可以采用多种不同的曝光模式，如自动曝光模式、光圈优先曝光模式、快门优先曝光模式和全手动曝光模式等。

如果对曝光要素理解不够深入，可以直接设置为自动曝光或程序自动曝光模式。

如果希望精确地控制画面的亮度，可以将拍摄模式设置为全手动曝光模式。但在这种拍摄模式下，需要摄影师手动控制光圈、快门和感光度3个要素，下面分别讲解这3个要素的设置思路。

● 光圈：如果希望拍摄的视频具有电影般的效果，可以将光圈设置得稍微大一点，从而虚化背景，获得浅景深效果；反之，如果希望拍摄出来的视频画面远近都比较清晰，就需要将光圈设置得稍微小一点。

● 感光度：在设置感光度的时候，主要考虑的是整个场景的光照条件。如果光照不是很充分，可以将感光度设置得稍微大一点；反之，则可以降低感光度，以获得较为优质的画面。

● 快门速度：快门速度对视频影响比较大，笔者在下一节详细讲解。

理解快门速度对视频的影响

无论是拍摄照片，还是拍摄视频，曝光三要素中的光圈、感光度作用都是一样的，但唯独快门速度对视频录制有特殊的意义，因此需要详细讲解。

根据帧频确定快门速度

从视频效果来看，大量摄影师总结出来的经验是将快门速度设置为帧频两倍的倒数，此时录制的视频中运动物体的表现是最符合肉眼观察效果的。

比如，视频的帧频为25P，那么应将快门速度设置为1/50秒（25乘以2等于50，再取倒数，为1/50）。同理，如果帧频为50P，则应将快门速度设置为1/100秒。

但这并不是说，在录制视频时，快门速度只能保持不变。在一些特殊情况下，当需要利用快门速度调节画面亮度时，在一定范围内进行调整是没有问题的。

快门速度对视频效果的影响

拍摄视频的最低快门速度

当需要降低快门速度提高画面亮度时，快门速度不能低于帧频的倒数。比如，当帧频为25P时，快门速度不能低于1/25秒。而事实上，也无法设置比1/25秒还低的快门速度，因为在录制视频时相机会自动锁定帧频倒数为最低快门速度。

▲ 在昏暗的环境下录制视频时，可以适当降低快门速度以保证画面亮度

拍摄视频的最高快门速度

当需要提高快门速度降低画面亮度时，其实对快门速度的上限是没有硬性要求的。但若快门速度过高，由于每一个动作都会被清晰定格，从而导致画面看起来很不自然，甚至会出现失真的情况。

这是因为人的眼睛是有视觉时滞的，也就是当人们看到高速运动的景物时，景物会出现动态模糊的效果。而当使用过高的快门速度录制视频时，运动模糊效果消失了，取而代之的是清晰的影像。比如，在录制一些高速奔跑的景象时，由于双腿每次摆动的画面都是清晰的，就会看到很多条腿的画面，也就导致画面出现失真、不正常的情况。

因此，建议在录制视频时，快门速度最好不要高于最佳快门速度的两倍。

▲ 当人物进行快速移动时，画面中出现动态模糊效果是正常的

设置视频拍摄参数及控制选项

设置视频尺寸和纵横比

在"画面大小和纵横比"菜单中可以设置视频分辨率和纵横比。

视频分辨率指每一个画面中所显示的像素数量，通常以水平像素数量与垂直像素数量的乘积或垂直像素数量表示。视频分辨率越大，画面就越精细，画质就越好。

需要注意的是，若要享受高分辨率带来的精细画质，除了需要设置相机录制高分辨率的视频，还需要观看视频的设备具有播放该分辨率画面的能力。

比如，录制了一段4K（分辨率为4096×2160）视频，但观

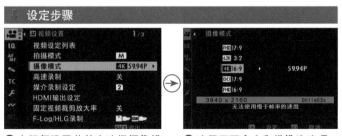

❶ 在**视频设置**菜单中选择**摄像模式**选项，然后按▶方向键

❷ 选择**画面大小和纵横比**选项，按▲或▼方向键选择所需的选项

看这段视频的电视、平板或者手机只支持全高清（分辨率为1920×1080）播放，那么呈现出来的视频画质就只能达到全高清，而到不了 4K 的水平。

因此，建议各位在拍摄视频之前先确定输出端的分辨率上限，然后再确定相机视频的分辨率设置。从而避免因为过大的文件对存储和后期等操作造成没必要的负担。

包括4K超高清和FHD全高清两种画面大小，这两种画面大小又分别可选16：9和17：9的纵横比。

下图所示为屏幕上的像素点，而视频分辨率代表了视频画面中像素的数量，因此通常视频分辨率越大，图像越细腻，看上去越清晰。

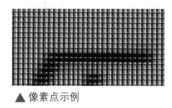

▲ 像素点示例

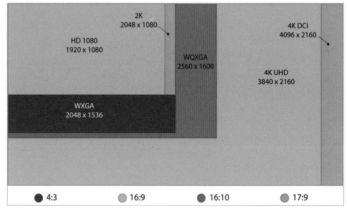

▲ 不同的分辨率及比例示例

设置视频帧率

帧频是指一个视频里每秒展示出来的画面数（fps），一般电影以每秒 24 张画面的速度播放，也就是一秒钟内在屏幕上连续显示出 24 张静止画面，其帧频为 24P。每秒显示的画面数多，视觉动态效果就流畅；反之，如果画面数少，观看时就有卡顿感觉。

（1）从效果方面考虑。在录制常规视频时，如会议、室内教学等动作幅度较小的题材，可选用 30fps；如果希望视频流畅感更好，部分内容在后期制作时要生成慢动作效果，可以采用 60fps 拍摄。例如，许多婚摄摄像师，会用较高的帧率拍摄视频，再将抛花、碰杯等精彩细节制作为慢动作的效果，以营造浪漫感。

（2）从后期制作方面考虑。为了给后期制作留下空间，可以用稍高一些的帧率，如60fps进行拍摄。因为在后期制作时，从60fps降到30fps比较容易，但要从30fps升格为60fps，则相对困难一些。

（3）从播放平台方面考虑。可以参考各个平台的投稿标准，上面基本上都标明了视频文件的最低帧率。

❶ 在**视频设置**菜单中选择**摄像模式**选项，然后按▶方向键

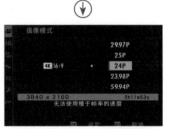

❷ 按◀或▶方向键选择**画面帧率**选项，然后按▲或▼方向键选择所需的选项

设置视频编码格式

通过"媒介录制设定"菜单可在H.265与H.264两种视频编码格式间进行选择。简单来说，H.264编码通用性强，H.265编码更先进，能以更小的文件来记录时间更长、画质更优的视频。此外，H.265在传输时需要的带宽是H.264的一半。但要处理H.265视频需要更强大的计算机硬件，而且目前在网络上支持播放H.265编码格式视频的浏览器及播放器并不普及。

选择6.2格式的视频时，仅能选择H.265编码格式。

设置视频压缩模式

视频的压缩类型会影响视频的质量与大小。按右侧展示的步骤操作时，选择"ALL-Intra"选项，可使相机对每个画面进行单独压缩，虽然文件会更大，但每个画面的数据都会单独保存，因此适合需要进行后期处理的视频。

选择"Long GOP"选项，则相机会按系列画面压缩视频，使文件更小，是拍摄普通长视频时，平衡质量与文件大小的较好选择。

设置视频色度采样

使用富士 X-H2s 相机可在 420 与 422 两种视频色度采样间进行选择。色度采样的原理较为复杂，包括 444、422、420 三种采样格式。对初学者来说，可以这样简单理解，444 编码是无损的，422 编码是高度无损，但色彩损失三分之一，420 编码是高度无损，但色彩失真一半。因此，422 的视频画质与文件大小均高于 420 的视频画质。

设置视频码率

码率又称比特率，指每秒传送的比特（bit）数，单位为 bps（Bit Per Second）。

在同样的分辨率下，视频文件的码率越高，画面压缩率就越低，画面的精度就越高、质量越好，画质越清晰，相应的每秒传送的数据就越多，对存储卡的写入速度要求也越高。

设置视频文件格式

使用富士X-H2s相机录制视频可选择MOV与MP4两种文件格式。MOV格式是苹果公司的音频、视频文件格式，其特点是跨平台、存储空间要求小，但如果不在苹果设备上使用，则需要安装解码器。MP4文件格式的特点是通用性广，压缩率高，质量与文件格式大小平衡性较好。

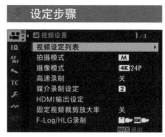

❶ 在**视频设置**菜单中选择**视频设定列表**选项，然后按▶方向键

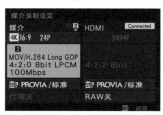

❷ 按◀或▶方向键选择**媒介录制设定**选项，然后按MENU/OK按钮

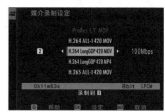

❸ 按◀或▶方向键选择中间位置选项，按▲或▼方向键选择所需选项

高手点拨：特别需要指出的是，只有在第三步界面中，于左侧栏中选择❶为存储位置时，才可以选择ProRes HQ MOV、ProRes 422 MOV、ProRes LT MOV 三种基于ProRes 编码的文件格式。

开启录制视频代理模式

ProRes 格式的文件非常大，为了便于后期编辑加工，可以在选择 ProRes 格式后，开启录制视频代理的模式，从而在得到一份 ProRes 格式视频的同时，获得一份高压缩率、小尺寸的代理视频文件。后期处理时，先对代理视频进行处理，在生成最终成品视频时，将代理视频替换为 ProRes 格式的视频源文件，从而提高工作效率。

设置视频存储位置

富士X-H2s有两个存储卡，通过菜单可以设置在录制视频时，视频文件的保存位置及保存方式。

- **①→②选项**：将视频记录至插槽 1 中的存储卡直至录满为止。任何额外的视频接着将自动记录至插槽 2 中的存储卡。
- **①+②选项**：每个视频记录两次，每张存储卡各记录一次。
- **HDMI选项**：仅将视频记录至通过 HDMI 连接的设备。

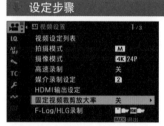

❶在**视频设置**菜单中选择**媒介录制设定**选项，然后按▶方向键

❷按▲或▼方向键选择所需选项，然后按MENU/OK按钮确认

利用短片裁切拉近被拍摄对象

选择"固定视频裁剪放大率"菜单，并选择"开"选项时，相机统一在各种视频间采用 1.38：1的比例对画面进行裁剪，不仅有利于统一视频视角，而且可以获得有拉近效果的视频画面。

❶在**视频设置**菜单中选择**固定视频裁剪放大率**选项，再按▶方向键

❷按▲或▼方向键选择所需选项，然后按MENU/OK按钮确认

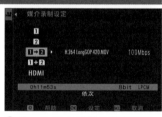

❶在**媒介录制设定**选项界面，选择**代理设定**选项，按 MENU/OK 按钮

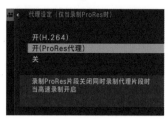

❷按▲或▼方向键选择所需选项，然后按MENU/OK按钮确认

Q：ProRes 格式的优点是什么，三种格式有什么区别？

A：ProRes 是由苹果公司开发的一种视频编码格式，优点是采用帧内压缩，视频质量很高，对苹果计算机及 Final Cut 软件的支持度非常高，解码时对计算机的 CPU 性能要求不高，但当在 Windows 系统中使用时，需要安装插件。前文提到的三种 ProRes 格式最大的区别在于压缩率及画质不同。其中，ProRes LT MOV 压缩率和画质最高，ProRes HQ MOV 压缩率和画质最低，ProRes 422 MOV 的压缩率及画质居两者之间。

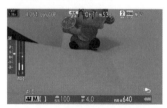

▲ 屏幕左上角显示裁剪比例图标

录制视频时保持稳定

对拍摄来说，保持稳定是非常重要的。

如果没有使用三脚架或专业的稳定设备，可以在拍摄视频时选择"图像稳定模式"菜单中的各个选项，使相机稳定性更高。

● IBIS/OIS：启用相机内置稳定功能（IBIS）及镜头光学图像稳定功能（OIS），即使使用的镜头没有防抖功能，也可用此选项。

● IBIS/OIS + DIS：启用 IBIS、OIS 及依靠裁剪实现的数字图像稳定功能（DIS）。裁剪的幅度视"摄像模式"菜单中所选择的视频分辨率而定。另外，当视频分辨率为 6.2K、4K、DCI HQ、RAW 视频、高帧率视频时此选项不可选择。

● 关：关闭图像稳定功能。

❶ 在**视频设置**菜单中选择**图像稳定模式**选项，然后按▶方向键

❷ 按▲或▼方向键选择所需选项，然后按MENU/OK按钮确认

设置相机稳定模式性能

当开启"图像稳定模式"菜单功能时，为了更好地控制相机的稳定性能，可以配合使用"图像稳定模式增能"菜单。

● 开：如果拍摄者处于运动幅度较小的手持相机拍摄视频状态，可以选择此选项，使相机降低参与稳定的各个构件的工作性能。

● 关：如果拍摄者处于运动幅度较大的手持相机平移、倾斜、跟踪拍摄视频的状态，可以选择此选项，使相机提高参与稳定的各个构件的工作性能。

Q：如何选购一款合适的稳定器？

A：虽然富士相机提供了用于稳定画面的菜单及相关功能，但如果想获得更高质量的稳定视频画面，还是要使用专业的相机稳定器。选购时可以从品牌、续航、载重、模块化、适配度等多个方面考虑。其中，续航时间、载重均可以在官网上通过查看性能参数获知，模块化主要考虑稳定器的拆装易用性，适配度相关参数可以在官网上选择型号后，通过查看相机型号列表，了解详情。例如，当将大疆 DJI RS 3 Pro 稳定器与 X-H2S 搭配时，可以完成拍摄照片、开始 / 停止录像、触发自动对焦、电控跟焦、改变光圈（录像模式下不支持）、改变快门（录像模式下不支持）、改变 ISO（录像模式下不支持）等操作，无法进行变焦。但与 X-T30 配合使用时，只能完成拍摄照片、开始 / 停止录像、触发自动对焦操作。

❶ 在**视频设置**菜单中选择**图像稳定模式增能**选项，然后按▶方向键

❷ 按▲或▼方向键选择所需选项，然后按MENU/OK按钮确认

用信号灯功能提示录制状态

当相机进入视频录制状态时，为了提示被拍摄对象及摄影师，相机提供了"信号灯"功能，用于点亮相机正面的AF辅助照明灯及后面的拍摄提示灯。

● 前部关闭后部●：指示灯在录制视频期间点亮。

● 前部关闭后部●：指示灯在录制视频期间闪烁。

● 前部●后部●：指示灯和AF辅助灯在录制视频期间点亮。

● 前部●后部关闭：AF辅助灯在录制视频期间点亮。

● 前部●后部●：指示灯和AF辅助灯在录制视频期间闪烁。

● 前部●后部关闭：AF辅助灯在录制视频期间闪烁。

● 前部关闭后部关闭：指示灯和AF辅助灯在录制视频期间保持熄灭。

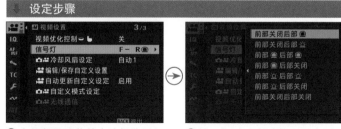

① 在**视频设置**菜单中选择**信号灯**选项，然后按▶方向键

② 按▲或▼方向键选择所需选项，然后按MENU/OK按钮确认

▲ 提示灯位置

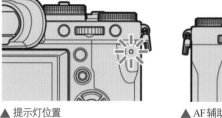

▲ AF辅助灯位置

设置冷却风扇功能

当相机长时间录制视频时，发热是很难避免的，为了防止相机过热关机，可以通过设置"冷却风扇设定"菜单相关选项，以更好地为相机降温。

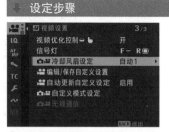

① 在**视频设置**菜单中选择**冷却风扇设定**选项，再按▶方向键

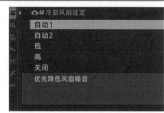

② 按▲或▼方向键选择所需选项，然后按MENU/OK按钮确认

● 自动1：风扇根据需要在相机温度上升时自动打开并低速运转，此选项优先考虑降低风扇噪声。

● 自动2：风扇根据需要在相机温度上升时自动打开并高速运转。正在录制视频中可能会听到风扇噪声增高，此选项优先考虑降低相机温度。

● 低：连续低速运转风扇。

● 高：连续高速运转风扇，正在录制的视频中可能会听到风扇噪声增高。

● 关闭：关闭风扇。

利用斑纹定位过亮或过暗区域

拍摄照片时可以使用高光警告提示曝光区域，而拍摄视频时可以使用斑纹功能帮助用户查看画面曝光效果。通过"斑纹设置"菜单，用户可以指定在什么亮度级别的图像区域上方或周围显示斑纹图案，从而精确定位过暗或过亮的区域。

例如，为了避免过曝，将斑纹的级别设置为95%，这样当曝光参数或光线导致画面出现过曝区域时，则相对应的部位就会显示斑纹。

❶ 在**视频设置**菜单中选择**斑纹设置**选项，然后按▶方向键

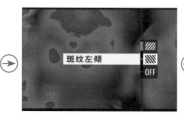

❷ 选择**斑纹左倾**效果

❸ 选择**斑纹右倾**效果

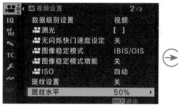

❹ 在**视频设置**菜单中选择**斑纹水平**选项，然后按▶方向键

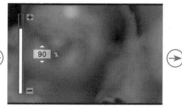

❺ 在此可以选择斑纹的显示级别

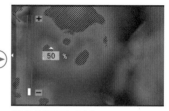

❻ 最低显示级别为50%

高频防闪烁拍摄

如果在以高频率闪烁的光源下拍摄，有可能在视频中看到滚动的条纹。

开启"无闪烁快门速度设定"功能后，相机能以适合高频率闪烁的快门速度拍视频，从而减少闪烁对视频的影响。

此时快门速度可以按非整数数字进行调整。

此菜单对于拍摄照片同样起效，要获得更好的效果，可以配合使用"拍摄设置"中的"减少闪烁"命令。

设定步骤

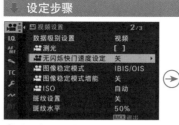

❶ 在**视频设置**菜单中选择**无闪烁快门速度设定**选项

❷ 按▲或▼方向键选择需要的选项，然后按MENU/OK按钮确认

▲ 快门速度为1/99.8s示例

▲ 设置快门速度为1/119.9s示例

帧间减噪

在"帧间减噪"菜单中选择"自动"选项，可以让相机根据所拍摄视频的光线及影像细节进行自动降噪。

但从实测效果来看，只要光线不是太差，是否开启此功能对画面质量影响并不大。

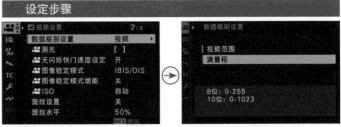

❶ 在**视频设置**菜单中选择**帧间减噪**选项，然后按▶方向键

❷ 按▲或▼方向键选择**开**或**关**选项，然后按MENU/OK按钮确认

数据级别设置

通过"数据级别设置"菜单可以选择视频的信号范围。

● 视频范围：8 位视频信号范围为 16~235，10 位视频信号范围为 64~940。

● 满量程：8 位视频信号范围为 0~255，10 位视频的信号范围为 0~1023。

❶ 在**视频设置**菜单中选择**数据级别设置**选项，然后按▶方向键

❷ 按▲或▼方向键选择所需选项，然后按MENU/OK按钮确认

视频优化控制

使用"视频优化控制"菜单，可以防止将相机操作音记录到视频中。

启用此功能后，光圈环、快门速度、感光度及曝光补偿拨盘将被禁用，只能在屏幕上通过视频优化控制按钮来更改拍摄设置或禁用视频优化控制。

❶ 在**视频设置**菜单中选择**视频优化控制**选项，然后按▶方向键

❷ 按▲或▼方向键选择**开**或**关**选项，然后按MENU/OK按钮确认

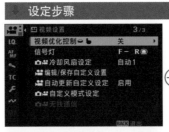

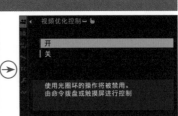

❸ 在**屏幕中**点击**视频优化控制**图标

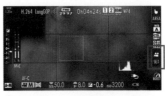

❹ 按▲或▼方向键选择选项，然后改变其参数

设置视频自动对焦相关参数

设置拍摄视频时的对焦模式

在拍摄视频时，可以通过屏幕触控操作完成对焦相关操作。与拍摄照片一样，在拍摄视频时同样可以使用以下3种对焦模式，切换方法参见前面章节讲解。

- 单次自动对焦模式（AF-S）：如果被拍摄对象与相机均不会移动，例如风景或座谈场景，可以使用这种对焦模式。此时要注意的是，如果开启了面部、眼睛识别功能，相机会自动切换到连续自动对焦模式。
- 连续自动对焦模式（AF-C）：如果拍摄的是运动对象，或者相机处于运动过程中，则需要使用这种对焦模式。操作中要配合使用 AF-C 自定设定菜单，才能获得更理想的效果。
- 手动对焦模式（MF）：如果拍摄的对象难以对焦，可以尝试使用手动对焦模式，在拍摄常规视频时这种模式使用得较少，但在电影及高质量视频的拍摄中，这种对焦模式反而是最常用的。

▲ AF-S 对焦模式下屏幕左下方的图标

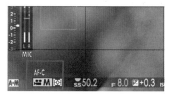

▲ AF-C 对焦模式下屏幕左下方的图标

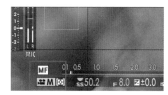

▲ 手动对焦模式下屏幕左下方的图标

设置拍摄视频时的对焦区域模式

在拍摄视频时仅有两种自动对焦区域模式可选，一种是"多重"，另一种是"区域"。选择"多重"意味着让相机自动选择对焦区域，通常相机对焦于离相机最近或最容易被识别的对象上；选择"区域"可以使相机对焦于屏幕显示的对焦区域框中的对象。

❶ 在AF/MF设置菜单中选择自动对焦模式选项，然后按▶方向键

▶ 选择"多重"对焦区域模式屏幕不显示对焦框

❷ 按▲或▼方向键选择所需选项，然后按MENU/OK按钮确认

▶ 选择"区域"对焦区域模式屏幕显示对焦框

对象检测设定

富士X-H2s在上一代的基础上扩大了可检测被摄体的范围，已经可以对动物、鸟、飞机、自行车、火车及摩托车等物体进行检测识别。

当要拍摄的场景中有这种要重点表现的对象时，可以通过此菜单选择对应的选项。

如果在对焦区域内检测到多个被摄对象，则相机会自动选择其中的一个。但拍摄者可以通过轻触显示屏重新定位对焦区域，以便选择不同的被摄对象。

▲ 新增的被摄体支持类型

❶ 在AF/MF设置菜单中选择**对象检测设定**选项，然后按▶方向键

❷ 按▲或▼方向键选择所需选项，然后按MENU/OK按钮确认

即时自动对焦设定

"即时自动对焦设定"菜单用于选择当在手动对焦模式下按下 AF-ON 按钮时，相机是使用单次 自动对焦（AF-S）还是连续自动对焦(AF-C)进行对焦。

这意味着即使在使用手机对焦的情况下，也可以通过按AF-ON按钮，暂时切换至自动对焦模式。

❶ 在 **AF/MF 设置**菜单中选择**即时自动对焦设定**选项，然后按 ▶方向键

❷ 按▲或▼方向键选择所需选项，然后按MENU/OK按钮确认

焦点检查锁定

"焦点检查锁定"菜单用于控制对焦缩放是否在录制时仍然有效。

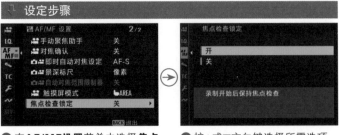

❶ 在**AF/MF设置**菜单中选择**焦点检查锁定**选项，然后按▶方向键

❷ 按▲或▼方向键选择所需选项，然后按MENU/OK按钮确认

AF-C自定设置

在"AF-C自定设置"菜单中，可以选择在 AF-C 自动对焦模式下录制视频时的对焦跟踪选项。

追踪灵敏度

追踪灵敏度选项有 5 个等级，如果设置为偏向"快速"端的数值，那么当被摄体偏离自动对焦点或者有障碍物从自动对焦点面前经过时，自动对焦点会迅速对焦其他物体或障碍物。

而如果设置偏向为"锁定"端的数值，则自动对焦点锁定被摄体，不会轻易对焦到别的位置。

AF速度

"AF 速度"选项用于设定在 AF-C 自动对焦模式下录制视频时，自动对焦功能的对焦速度。

用户可以将自动对焦转变速度从标准速度调整为慢（5 个等级之一）或快（5 个等级之一），以获得所需的短片效果。

设定步骤

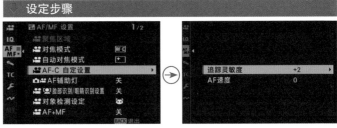

❶ 在**视频设置**菜单中选择**AF-C 自定设置**选项，然后按▶方向键

❷ 按▲或▼方向键选择**追踪灵敏度**选项，然后按▶方向键

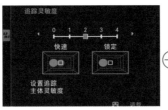
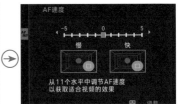

❸ 按◀或▶方向键选择所需的数值，然后按 MENU/OK 按钮确认

❹ 若在步骤❷中选择了 **AF 速度**选项，可在此界面中按◀或▶方向键选择所需的数值，然后按 MENU/OK 按钮确认

例如，在下图中，摩托车手短暂地被其他的摄影师遮挡，此时如果对焦灵敏度过高，焦点就会落在其他摄影师身上，而无法跟随摩托车手，因此这个参数一定要根据当时的拍摄情况来灵活设置。

▲ 摩托车手短暂地被其他的摄影师遮挡

识别面部与眼睛

无论是在拍摄照片还是在拍摄视频时，只要被拍摄对象是人物，则富士X-H2s相机均能正确识别被拍摄对象的面部及其眼睛，但这一设置需要通过"脸部识别/眼睛识别设置"菜单做设置。

● **眼睛识别关**：仅智能脸部优先。

● **眼睛识别自动**：当检测到脸部时，相机自动选择对焦于哪只眼睛。

● **右眼识别优先**：相机优先对焦于使用智能脸部优先所检测到的拍摄对象的右眼。

● **左眼识别优先**：相机优先对焦于使用智能脸部优先所检测到的拍摄对象的左眼。

开启此菜单选项时，即使选择的是单次自动对焦模式（AF-S），相机也将使用连续自动对焦模式进行对焦，此时"对象检测设定"菜单功能将自动关闭。

相机在对焦区域内检测到单个脸部会用白框标记。若检测到多个脸部，则相机会自动选择其中一个。此时，通过轻触显示屏可重新定位对焦区域，以便选择不同的面部。

当相机对焦于眼睛时，可以使用指定的"左眼／右眼切换"功能按钮从一只眼睛切换至另一只眼睛。

如果被拍摄对象短暂离开画面，相机将等待其返回，此时白框的位置没有脸部，但这是正常的。

如果被拍摄对象被头发、眼镜或其他物体遮挡，相机由于无法检测到拍摄对象的眼睛，此时会对焦于被拍摄对象整个脸部。

当被拍摄对象侧向镜头，左右眼与相机的距离不同时，建议开启眼睛识别功能，并通过菜单指定对焦于距离相机较近的眼睛。

设定步骤

❶ 在**AF/MF设置**菜单中选择**脸部识别/眼睛识别设置**选项，再按▶方向键

❷ 按▲或▼方向键选择**脸部识别开**选项，再按▶方向键

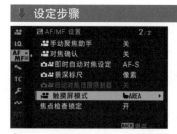

❸ 按▲或▼方向键选择所需选项

使用触控方式进行视频对焦操作

在拍摄视频时，设置"触摸屏模式"菜单选项，可以通过屏幕触控的操作方式，完成对焦相关操作。

● **AF**：轻触屏幕可使相机对焦于所选点。

● **区域**：轻触屏幕可定位对焦区域。

● **关闭**：关闭触摸屏操作。

设定步骤

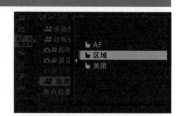

❶ 在**AF/MF设置**菜单中选择**触摸屏模式**选项，再按▶方向键

❷ 按▲或▼方向键选择所需选项，然后按MENU/OK按钮确认

需要注意的是，当在"自动对焦模式"菜单中选择"多重"选项时，无法在此菜单中选择"区域"选项。

音频设置

监听视频声音

在录制保留现场声音的视频时，监听视频声音非常重要，而且这种监听需要持续整个录制过程。因为在使用收音设备时，有可能因为没有更换电池，或者其他未知因素，导致现场声音没有被录入视频。有时现场可能有很低的噪声，确认这种声音是否会被录入视频的方法就是在录制时监听。

▲ 耳机接口

耳机音量

当将耳机插入相机时，通过此选项能够调整耳机音量。

用户可以从1~10中选择音量等级。选择"关"选项，则不会输出声音至耳机。

❶ 在**音频设置**菜单中选择**耳机音量**选项，按▶方向键

❷ 按▲或▼方向键选择所需的音量大小，然后按MENU/OK按钮确认

内置麦克风音量调节

"内置麦克风音量调节"菜单选项用于调整内置麦克风的录制音量。

● 自动：选择此选项，相机将会自动调节录音音量。

● 手动：选择此选项，可手动从25个录制音量中进行选择，适用于高级用户，此数值较高时，杂音也大。

● 关：选择此选项，将不会记录声音。

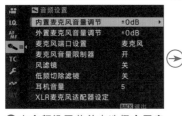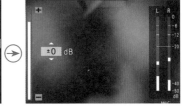

❶ 在**音频设置**菜单中选择**内置麦克风音量调节**选项，按▶方向键

❷ 按▲或▼方向键选择**手动**选项，然后按▶方向键

❸ 按▲或▼方向键调整**内置麦克风音量**

外置麦克风音量调节

　　"外置麦克风音量调节"用于调整外置麦克风的录制音量，可设置选项与"内置麦克风音量调节"一样。

❶ 在**音频设置**菜单中选择**外置麦克风音量调节**选项，按▶方向键

❷ 按▲或▼方向键选择**手动**选项，然后按▶方向键，调整其音量

麦克风音量限制器

　　选择"麦克风音量限制器"菜单后，选择"开"选项，可减少因超过麦克风音频电路输入限制而产生的变声，对爆破音有效。

❶ 在**音频设置**菜单中选择**麦克风音量限制器**选项，按▶方向键

❷ 按▲或▼方向键选择所需的选项，然后按MENU/OK按钮确认

风滤镜

　　选择"风滤镜"菜单后，选择"开"选项，则可以降低户外录音时的风噪声，也包括某些低音调噪声；在无风的场所录制时，建议选择"关"选项，以便录制到更自然的声音。

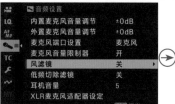 

❶ 在**音频设置**菜单中选择**风滤镜**选项，按▶方向键

❷ 按▲或▼方向键选择所需的选项，然后按MENU/OK按钮确认

低频切除滤镜

　　选择启用"低频切除滤镜"菜单后，能减少录制过程中的低频嗡嗡声。

❶ 在**音频设置**菜单中选择**低频切除滤镜**选项，按▶方向键

❷ 按▲或▼方向键选择所需的选项，然后按MENU/OK按钮确认

利用间隔定时器功能拍延时视频

延时摄影又称"定时摄影"，即利用相机的"间隔定时拍摄"功能，每隔一定的时间拍摄一张照片，最终形成一组具有完整过程的照片，用这些照片生成的视频能够呈现出电视上经常看到的花朵开放、城市变迁、风起云涌的效果。

例如，花蕾的开放约需3天3夜共72小时，但如果每半小时拍摄一张照片，顺序记录其开花的过程，只需拍摄144张照片，将这些照片生成视频，并以正常帧频率放映（每秒24幅），在6秒钟之内即可重现花朵3天3夜的开放过程，能够给人强烈的视觉震撼。

因此延时摄影通常用于拍摄城市风光、自然风景、天文现象、生物演变等题材。

间隔定时拍摄

许多相机均有直接拍摄延时视频功能，但富士X-H2s相机没有提供此功能，因此只能使用相机的"间隔定时拍摄"功能先拍摄大量照片，再通过后期处理软件，将照片合成为延时视频。

设定步骤

❶ 在**拍摄设置**菜单中选择**间隔定时拍摄**选项，然后按▶方向键

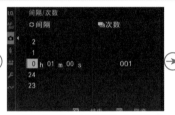

❷ 按▲或▼方向键选择每次间隔拍摄的时长数值

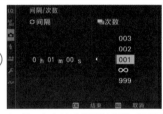

❸ 按▶方向键选择要拍摄的系列照片的总数量，按MENU/OK按钮

❹ 按▲或▼方向键选择开始间隔拍摄前需要等待的时间，完成后按MENU/OK按钮开始拍摄

❺ 开始拍摄后屏幕右上方显示当前拍摄张数，按MENU/OK按钮可随时中止拍摄

● 间隔：选择每次拍摄之间的间隔时间。

● 次数：选择间隔拍摄的总张数。可以在1张到999张之间设定，若选择了"∞"选项，则相机会持续拍摄直至存储卡已满。

间隔定时拍摄平滑曝光

选择"开"选项可在间隔定时拍摄期间自动调整曝光，以防止在每次拍摄之间曝光发生显著变化。

若拍摄对象的亮度变化较大，可能会使曝光不稳定。对于拍摄期间会显著变亮或变暗的被摄对象，建议将"间隔"选为较小的值。

在手动模式（模式M）下，仅当将感光度设置为A（自动）选项时，才可平滑曝光。

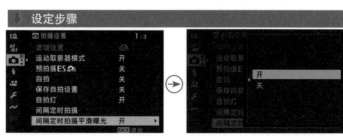

设定步骤

❶ 在**拍摄设置**菜单中选择**间隔定时拍摄平滑曝光**选项，然后按▶方向键

❷ 按▲或▼方向键选择所需选项，然后按MENU/OK按钮确认

使用富士X-H2s相机进行延时摄影要注意以下几点。

● 不能使用自动白平衡，要通过手调色温的方式设置白平衡。

● 一定要使用三脚架进行拍摄，否则在最终生成的视频短片中就会出现明显的跳动。

● 将对焦方式切换为手动对焦。

● 按短片的帧频与播放时长来计算需要拍摄的照片张数，例如，按25fps拍摄一个播放10秒的视频短片，就需要拍摄250张照片，而在拍摄这些照片时，彼此之间的时间间隔可以自定义，可以是1分钟，也可以是1小时。

▼ 利用间隔定时器功能记录下睡莲绽放及黎明破晓的过程

录制慢动作视频短片

让视频短片的视觉效果更丰富的方法之一，就是调整视频的播放速度，使其加速或减速，呈现快放或慢动作效果。

加速视频播放的方法很简单，通过后期处理将1分钟的视频压缩在10秒内播放完毕即可。

而要获得高质量的慢动作视频效果，则需要在前期录制出高帧频视频。例如，默认情况下，如果以 25 帧 / 秒的帧频录制视频，1 秒只能录制 25 帧画面，回放时也是 1 秒。

但如果以 100 帧 / 秒的帧频录制视频，1 秒录制 100 帧画面，当以常规 25 帧 / 秒的速度播放视频时，1 秒内录制的视频则在播放时延续 4 秒，呈现出电影中常见的慢动作效果。

这种视频效果特别适合表现那些重要的瞬间或高速运动的拍摄题材，如飞溅的浪花、腾空的摩托车、起飞的鸟儿等。

在"高速录制"菜单中可以设置以全高清画质录制高帧频视频，使相机能够以100帧/秒、120帧/秒、200帧/秒、240帧/秒的高帧频拍摄视频，在回放视频时，最高可以获得10倍慢动作视频效果。

使用此功能拍摄的视频是无声的，完成录制后，在相机中播放视频即可预览视频效果。

在人工光源环境下录制时，如果画面有频闪，可以尝试将快门速度调整为 100 帧 / 秒，或者将光源换成直流电光源。

按右侧展示的操作步骤选择所需选项时，首先要在左侧栏选择视频比例，再于中间栏选择录制视频时的帧率，最后在右侧栏选择播放视频帧率。

例如，在中间栏选择 240P 的帧率、右侧栏选择 29.97P 帧率时，获得的就是 8 倍（240/29.97=8）慢动作效果，但如果在右侧栏选择 23.98P，获得的就是 10 倍（240/23.98=10）慢动作视频效果。

设定步骤

❶ 在**视频设置**菜单中选择**高速录制**选项，然后按▶方向键

❷ 按▲或▼方向键选择所需**开**选项，然后按▶方向键

❸ 选择视频比例选项，然后按▶方向键

❹ 选择视频录制帧率选项，然后按▶方向键

❺ 选择视频播放帧率选项

录制Log视频保留更多细节

当在明暗反差比较大的环境，如逆光下录制视频时，很难同时保证画面中最亮的（如天空）和最暗的区域（如人脸）都有细节。这时就可以使用F-Log模式进行录制，从而获取更广的动态范围，最大限度地保留这些细节。

认识 F-Log

F-Log是一种对数伽马曲线，这种曲线可发挥图像感应器的特性，保留更多的高光和阴影细节。但使用F-Log模式拍摄的视频不能直接使用，因为视频画面的色彩饱和度和对比度都很低，整体效果发灰，所以需要通过后期处理来恢复视频画面的正常色彩。

■F■ⅢⅡ：视频使用胶片模拟进行处理，然后保存至存储卡并同时输出至HDMI设备。

■F-Log ⅢF-Log：视频以F-Log格式记录至存储卡并输出至HDMI设备。

■FLog2 ⅢFLog2：视频以F-Log2格式记录至存储卡，但将应用了胶片模拟的效果输出至HDMI设备。

■HLG ⅢHLG：视频以HLG格式记录至存储卡并输出至HDMI设备。

高手点拨：无论使用哪一个选项，都要注意感光度的限制。当使用F-Log时，将感光度限制在ISO640~ISO12800范围内。当使用F-Log2时，将感光度限制在ISO1250~ISO12800范围内。当使用HLG时，将感光度限制在ISO1000~ISO12800范围内。由此不难看出，当使用这些选项时，起始感光度都非常高，因此如果在光线充足的户外进行拍摄，而且还希望使用大光圈以获得浅景深，则要给相机加上ND滤镜，以避免画面过曝。

认识并下载 LUT

LUT是Lookup Table（颜色查找表）的缩写，简单理解就是通过LUT，可以将一组RGB值输出为另一组RGB值，从而改变画面的曝光与色彩。

对于使用F-Log模式拍摄的视频，由于其色彩不正常，所以需要通过后期处理来调整。

通常的方法就是套用从官方网站上下载的LUT，来实现各种不同的色调。

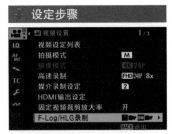

❶ 在**视频设置**菜单中选择**F-Log/HLG录制**选项，再按▶方向键

❷ 按▲或▼方向键选择所需的选项，然后按MENU/OK按钮确认

Q：什么是HLG？

A：HLG是由英国BBC广播公司与日本放送协会NHK共同开发的HDR视频标准，其优点是可以根据不同的显示设备显示出不同程度的HDR效果，由于其色彩空间为Rec.2020，因此能够表现更丰富的色彩。

▲ 左侧为套用 LUT 前的画面

截至 2023.02.30，富士用户均可以打开网址 https://fujifilm-x.com/global/support/download/lut/ 下载官方 LUT 文件，解开下载压缩包后，可以按机型找到对应的 LUT 文件。

▲ 富士官方 LUT 下载页面

套用 LUT

套用LUT也被称为一级调色，主要目的是统一各个视频片段的曝光和色彩，在此基础上可以根据视频的内容及需要营造的氛围进行个性化的二级调色。

以Premiere软件为例，在"Lumetri颜色"面板中的"输入LUT"中选择"浏览"命令，然后根据自己使用的LOG型号，选择已下载的LUT即可。

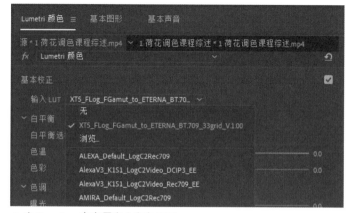

▲ 在 Premiere 中套用富士官方 LUT

F-Log 查看助手

虽然套用LUT可以还原画面色彩，但仅限于视频后期阶段。当录制视频时，摄影师在显示屏中看到的仍然是色调偏灰的非正常色彩。如果希望看到正常的色彩，可以在使用F-Log模式拍摄时开启查看帮助功能。该功能可以让相机显示还原色彩后的画面，但相机记录的视频依然是以F-Log模式记录视频的，所以依然保留了更多的高光及阴影部分的细节。

设定步骤

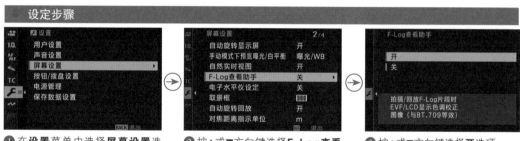

❶ 在**设置**菜单中选择**屏幕设置**选项，然后按▶方向键

❷ 按▲或▼方向键选择**F-Log查看助手**选项，然后按▶方向键

❸ 按▲或▼方向键选择**开**选项

录制RAW视频短片

使用"HDMI输出设定"菜单可以使相机录制高品质RAW格式的视频。

- RAW输出设定ATOMOS：将RAW视频输出至ATOMOS监视记录仪。
- RAW输出设定Blackmagic：将RAW视频输出至BlackmagicDesign设备。
- 关：不将RAW视频输出至外部录机。

录制视频注意事项：

- RAW视频有1.29x裁切率，尺寸为4848×2728。
- RAW视频不会保存至在相机中插入的存储卡。
- 相机内部图像增强不适用于RAW输出。
- 录制时将ISO限制在ISO 1000～ISO12800范围内。
- 当将HDMI输出设置为RAW时，对焦变焦不可用。
- 通过HDMI输出至不兼容设备的RAW视频无法正确显示，显示为马赛克。
- 高速录制视频模式无法使用RAW输出。

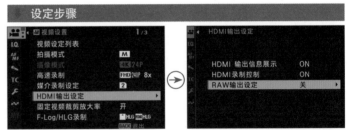

❶ 在**视频设置**菜单中选择**HDMI输出设定**选项，然后按▶方向键

❷ 按▲或▼方向键选择**RAW输出设定**选项，然后按▶方向键

❸ 按◀或▶方向键选择所需的选项，然后按▶方向键

❹ 按▲或▼方向键选择所需选项

Q：什么是RAW格式的视频，有什么优点？

A：简单来说，RAW格式的视频并不是传统意义上的视频文件，而是完整记录了相机传感器上原始的数据信息，因此可以说RAW格式的视频是一种记录的形式，可以类比成数码时代的"胶卷底片"，无法被直接观看、播放，可以将RAW格式的视频理解为整个视频是以RAW格式照片组合而成的。

因此，普通的视频与RAW视频相比，类似于JPEG照片相比于RAW照片，有巨大的后期加工优势。可以在后期编辑软件中对视频的白平衡、ISO、曝光、颜色进行调整，而且还不会影响画面的质量。此外，在涉及绿幕抠像的视频加工方面，RAW格式的视频也有先天优势，因为RAW格式的视频不进行色度抽样，因此使用RAW格式的视频进行抠像会使边缘更光滑。

但也正因RAW格式的视频保存的是源数据，因此文件非常大，对用来存储及后期加工的计算机有较高的要求。

◀安装外部录机录制RAW格式视频的拍摄现场

第11章

口播、美食、Vlog等常见视
频类型实战拍摄方法

了解固定机位视频拍摄

顾名思义，固定机位视频拍摄是指在拍摄视频时，无论是使用一台还是多台相机，这些相机的位置均固定不动。

这种拍摄方式对拍摄技术要求不高，如果是在室内，只要设置好相机、灯光，便可以一直使用一组参数长期拍摄不同的内容，因此，如果创作者初期不太懂相机参数设置及灯光布置，可以由有经验的摄影师设置好以后直接使用，并边拍摄边学习。

虽然从操作方式上看以固定机位拍摄视频不太灵活，但实际上，许多网上爆火的视频都是使用这种方式拍摄的。

使用固定机位拍摄口播视频技术要点

口播类视频的重点是内容，而不是形式。对拍摄场地要求低，对拍摄技术及设备要求也不高，因此许多视频创作者都是从拍摄口播类视频进入视频创作领域的。

无论是使用三脚架还是其他类型的稳定设置，只需确保相机稳定、灯光明亮，即可开始录制视频。

对于初学者，刚开始录制时，可以参考使用快门速度 1/60 秒、ISO 100、F4 这组拍摄参数。

根据当前场景的明亮程度有可能需要提高 ISO，在光线稍暗的场景下，有时 ISO 可能达到 1500 左右。虽然此时视频画面会有一点噪点，但由于视频画面是动态的，因此整体观感尚可。

根据背景需要的虚化程度，光圈可能在 F1.8~F8 之间改变，此时要注意调整 ISO 数值，以平衡整体曝光。

由于口播视频通常在室内录制，在光线恒定的情况下，选择自动白平衡即可。

在对焦设置方面，如果口播者前后晃动幅度不大，在光圈处于 F8 左右时，可以使用手动对焦。如果光圈较大，且口播者有前后明显晃动或走动，要在视频拍摄状态下开启自动对焦，并选择识别"人物"模式，以确保相机能够实时跟踪主播的面部。

使用固定机位拍摄美食

用固定机位拍摄美食的流程

许多新手在拍摄美食视频时，不知道如何构思整个拍摄流程及镜头。其实，拍摄美食完全可以依据制作美食的3个阶段来规划拍摄流程。

介绍

介绍即介绍视频要制作的美食的特点及大致制作流程、注意要点。拍摄时将相机架设在厨师对面，使用广角镜头或远距离，表现整个场景及厨师的面貌特征。

切配

切配，饮食行业称为食材细加工。"切"，就是用各种刀法把原料加工成烹调需要的各种形态；"配"，就是把加工好的原料，按菜肴需要搭配在一起。

在表现这个过程时，可以使用长焦镜头或将相机架设在距离菜品切配区较近的位置，以表现操作的细节。

拍摄时要注意更换细微的景别及角度，避免视角过于固定、单调，以丰富视频画面。

除了将相机架设在厨师对面，还可以将相机架设在厨师身后，以过肩的镜头向下俯视拍摄切配操作，从而模拟第一视角，增强观众在观看视频时的沉浸感与代入感。

在以此角度拍摄视频时，也可以考虑使用本书前面介绍过的运动相机，最后将其与用相机拍摄的视频剪辑在一起。

烹饪

在这个过程中，厨师要展示翻炒、调味的操作方法，通常使用两种机位进行表现。

第一种仍然是将相机架设的厨师对面或侧面，以长焦特写表现厨师在灶台上的操作。

第二种是将相机架设在灶台外侧，以俯视角度拍摄。但以这种角度拍摄时镜头容易起雾，因此更适合油烟少的西餐。

装盘

起锅装盘的过程虽然简单，但其实很有仪式感。许多食物在锅内的形态完全谈不上美观，但如果盛在光洁的餐盘中，并以整洁的桌布为背景，整个画面的美感会成倍增加。

用固定机位拍摄美食的灯光要点

使用相机拍摄美食时，灯光是一个很重要的要素，一定要通过补光或提高原有灯光照度的方式，使制作美食的场景看上去明亮、干净，同时更好地还原食材原本的色泽。

如果在拍摄时使用了较大功率的补光灯，建议关闭室内原有灯光，以避免相机的白平衡还原失误。

如果是家居类美食创作者，可以视拍摄场景的面积使用一盏功率为300W左右的补光灯。如果是美食直播间，至少需要3盏补光灯，两盏在主播四点钟、九点钟方向，一盏在顶部。

用固定机位拍摄美食的参数设置

在光线充足的情况下，用相机拍摄美食建议使用以下参数。

如果在一个较小的场景内拍摄，视频画面也较为简单，此时即便设置较大的光圈，视频画面的景深也仍然能够满足展现所有细节，就可以将光圈设置为F4左右，否则可以将光圈设置得小一些，以获得较大的景深。

如果场景较开阔，要获得类似《舌尖上的中国》的浅景深效果，则需要将光圈设置得稍大一些。

感光度要设置在视频画面曝光正常情况下的最低挡位。

快门速度可以根据帧率进行设置。

白平衡可以选择自动模式，如果预览视频画面感觉色彩还原不十分准确，可以使用手动设置色温或手动自定义白平衡。

让视频画面更丰富的小技巧

在录制美食视频时，可以拍摄几个水花溅起、葱花散开、油开冒泡、面粉洒落的慢动作片段，从而使视频画面更丰富。

拍摄慢动作视频的操作方法，在本书前文有详细讲解，可参考学习。注意：在拍摄慢动作视频时无法录制声音，因此在后期剪辑时要配音。

用固定机位拍摄美食的录音要点

拍摄美食类视频时，录音是一项非常重要的工作。因为在制作美食时，必然会要有切菜、油煎等过程，在这个过程中逼真有声音有助于提高视频的现场感。

拍摄美食视频时，通常采用同期录音及后期配音两种方式。

同期录音是指用本书前文所提到的各类录音设备，录制制作美食时的声音。比较常用的是枪式指向性麦克风，这种麦克风有一定录音距离，可以避免出现在视频画面，但录制时还是要尽量靠近发声源。如果还需要同期录制人的声音，可以使用无线领夹麦克风。

如果录制的是讲解细致的教学式美食视频，或者环境较为嘈杂，可以使用后期配音的方式，先录制视频，在后期制作时添加人声及做菜时的音效。

如果长期拍摄美食视频，建议录制或购买一套专门针对美食领域的音效库。

用固定机位拍摄美食的特写镜头运用要点

"最高端的食材往往只需要最朴素的烹饪方式"这句知名的文案，由于《舌尖上的中国》的成功而在美食视频制作领域广泛流传。

《舌尖上的中国》之所以成功有多方面因素，但从摄影及视频制作角度来看，其成功离不开创新的镜头表现手法,其中最典型的就是《舌尖上的中国》里使用了大量高清、特写、浅景深镜头。

这样的镜头放大了食物的质感，凸显了食物本身的色泽及质感，刻画出了美食的细节，给人一种强烈的代入感、沉浸感。

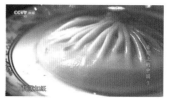

这些特写镜头在早期基本上都是由佳能 5D Mark II 配合大光圈长焦镜头拍摄的。

《舌尖上的中国》给美食视频创作者的启示，不仅是要善于、敢于使用近景、特写、浅景深镜头，最好在视频中形成个性化的镜头语言风格，这样才能够从众多美食视频中脱颖而出。

另外，《舌尖上的中国》的文案及背景音乐也是值得学习与借鉴的地方。

用固定机位拍摄多镜头 Vlog 视频

拍摄 Vlog 视频的第一步——定主题

与美食类视频不同，Vlog 视频是一种视频表现形式，并不是主题，因此，在拍摄之前一定要确定整条视频的主题。例如，可以是一个网红公园的打卡过程、一个手办的制作过程、一次旅游的过程、一道美食从采购原材料到出锅的过程，甚至可以是一次逛商场的过程。

Vlog 视频对于观众的意义大多属于了解另一种生活方式。例如，城市白领可以通过观看"张同学"的视频了解东北农村的生活原生态，可以通过观看"李子柒"的视频了解如何制作美食，可以通过观看"手工耿"的视频了解如何制作一件"没有用"的"科技发明"。总结起来就是，视频创作者要去做别人一直都想做的事，去过别人一直想过的生活，然后将其记录下来。

Vlog 视频除了主题要鲜明，内容还要有新意，在此基础上再辅以悦耳的背景音乐、流畅的视频节奏或酷炫的运镜才能够让观众有看完的动力。

所以，从制作一条 Vlog 视频的角度来看，可以大体分为主题及脚本策划、拍摄、后期剪辑，在这个过程中拍摄可能是最简单但却最烦琐的步骤。

拍摄 Vlog 视频的第二步——写脚本

确定拍摄主题后，就要进入脚本写作环节，这个环节对简单的 Vlog 来说并不是必需的，但对新手或要拍摄的是一个时间跨度、地域跨度较大，或者有多人参与的视频，则一定要撰写详细的脚本，只有这样在后期剪辑合成视频时，才不会陷入"巧妇难为无米之炊"的窘境。

关于脚本创作的方法与在本书前面有详细讲解，可以参考学习。

拍摄 Vlog 视频的第三步——找音乐

一条好看的 Vlog 通常都有悦耳并合拍的背景音乐，此时背景音乐的作用不仅仅是提升观赏性，更重要的作用是统合整个视频的节奏。

要明白这一点，只需看几年在抖音上火爆的卡点短视频即可。当到达音乐卡点位置时，观众的潜在心理是希望画面跟随音乐一起变化的，否则就有一种不协调的感觉。

因此，在确定主题、写好脚本之后，一定要花一些时间找到几首跟视频主题调性相匹配的背景音乐，具体选择几首取决于视频的长度。

拍摄 Vlog 视频的第四步——拍素材

进入拍视频素材的阶段后，只需按脚本安排场景、架设相机进行拍摄即可。

在本书的前面曾经分析过火爆的"张同学"的一条视频，从分镜脚本中可以看出来，在安排好景别、机位的情况下，只要确保视频的曝光正常、对焦准确，就能顺利完成拍摄。

在这个拍摄过程中，运用的还是前面介绍过的曝光、对焦、构图、用光等知识。

在拍摄过程中，要注意拍摄一些空镜头，用于充当视频的"留白"，也可以作为视频的开场或结束画面。

如果需要，还可以运用前面学习过的延时视频及慢动作视频的拍摄手法，拍摄一些视频素材，从而丰富视频的画面效果。

拍摄视频素材时一定要秉承宁多勿少的原则，多拍素材。

对于重要的场景，一定要试录，并回放视频以检查曝光、收音、焦点、构图等要素。

拍摄 Vlog 视频的第五步——剪辑

这一部分不是本书重点，但对每个创作者来说都格外重要，除非是以团队形式拍摄视频，否则创作者通常不能指望将自己拍摄的一堆素材，外包给他人剪辑出符合自己期望的视频。

创作新手可从学习剪映开始，对于要求不太高的视频，此软件足以胜任。

用运动机位拍摄视频技术与难点

什么是运动机位

　　使用运动机位拍摄视频是指在拍摄视频时，利用稳定器、摇臂或电动滑轨等设备移动相机的视频拍摄方法。换言之，在拍摄视频的过程中，相机始终处于移动过程中。

　　此时，可以使用本书前面讲过的推、拉、摇、移、甩等多种运镜手法，使视频画面的变化更丰富。

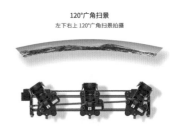

120°广角扫景
左下右上 120°广角扫景拍摄

常用运动机位拍摄的视频

　　使用运动机位拍摄视频通常应用于以下几种题材。

● 在拍摄探店、房屋介绍、小区介绍等类型的视频时，通常使用稳定器手持相机，采用推或拉的运镜手法，体现空间感。

● 在拍摄旅游风光类视频时，通常会使用摇、移、甩等多种运镜手法让视频转场更酷炫。

● 在拍摄延时视频时，通常使用电动滑轨缓慢移动相机，从而拍出视角缓慢变化的视频。

● 在拍摄人物纪实、采访类视频时，如果被拍摄的人物处于运动中，要使用稳定器或手持相机，跟随人物同步运动。

运动机位视频拍摄的两个难点

稳定性难点

　　如果拍摄视频时相机发生运动，创作者首先要确保相机的运动是平滑、稳定的。虽然有些相机内置稳定系统，但从使用效果来看，还是建议使用手持稳定器。

　　即便使用了手持稳定器，在拍摄视频时也要保持重心稳定，小步慢走，否则视频仍然有晃动的感觉。

　　为了避免画面出现轻微的抖动，有些创作者先以4K分辨率来拍摄视频，后期通过裁剪、平移等方法来模拟出镜头移动的感觉，但从效果来看，画面动感不如使用稳定器拍摄出来的更真实。

追焦难点

　　当以运动机位拍摄视频时，由于相机与被拍摄对象同时处于运动状态，因此对焦的难度会加大。

如果相机的对焦系统不够灵敏、强大，有可能导致被拍摄对象失焦。

如果在拍摄过程中相机与被拍摄对象之间有其他对象经过，也有可能导致被拍摄对象失焦。

如果拍摄场景的光线比较弱，或者主体与背景之间的对比不明显，也有可能导致相机失焦。

拍摄时要注意开启相机在视频拍摄模式下的跟踪对焦功能，并且在拍摄时尽量确保相机与被拍摄对象之间的距离恒定，或者使波动幅度较小，以提高相机跟踪对焦的成功率。

除了使用相机的自动跟踪对焦功能，如果对相机操作较为熟练，还可以使用手动对焦的方式来进行跟踪对焦，此时可以采取的方式有两种。

第一种是手动旋转相机对焦环来跟踪对焦，适用于拍摄成本不高，被拍摄对象及相机缓慢运动的场景。拍摄时，右手持稳相机，注视相机的液晶显示屏，观察被拍摄对象的焦点变化，左手缓慢旋转相机的对焦环。

第二种是给相机添加跟焦环套装，拍摄时要一边观察相机液晶显示屏或监视器，一边旋转跟焦环。这样的附件由于成本高、技术要求高，通常只用在剧组或视频拍摄团队中。

拍摄时避免丢失焦点的技巧

拍摄运动的对象时，有时可能无法避免被拍摄对象与相机中间出现遮挡物，此时一定要通过控制"短片伺服自动对焦追踪灵敏度"菜单，确保焦点不会丢失。

如何拍摄空镜头视频

空镜头的 6 大作用

空镜头是视频的重要组成部分，在短视频中应用较少，但在中、长视频中被广泛应用，概括起来空镜头有以下 6 大作用。

- 交代时间、地点、环境，如冬季午后、商场，或者空旷的海边、日出时刻等。

- 过渡转场：利用与主题有关的空镜头可以从一个场景自如地切换到另一个场景，从而串接起两个或多个镜头。

- 给解说词留出时间：对于有旁白的视频，解说词的重要性可能重于视频。当需要长时间解说时，可以用空镜头来留出解说时间。

- 营造气氛、给出隐喻：视频主角难以言表的心情、动作、情绪等，可以借用空镜头来表达。例如，当表现主角悲伤的心情时，可以接入一段拍摄萧瑟凋零树木的空镜头画面；又如，当表现主角愤怒的情绪时，可以接入一段咆哮的海浪画面。

- 省略时间：一个空镜头在视频中只有几秒的时间，但却可以代替生活中更长的时间，如几年、十几年等。例如，前一个镜头是孩子的面孔，组接一个冬去春来的延时摄影空镜头，下一个镜头可以是一张成熟的面孔。

- 调节节奏：在内容量较大的视频中加入空镜头，可以缓解观众的视觉疲劳和听觉疲劳。

常见空镜头拍摄内容及拍摄方法

常见空镜头拍摄内容

实际上，空镜头并不存在固定的拍摄内容，所有可拍的对象，从本质上说均可以被拍摄为空镜头。但对新手创作者来说，可能对空镜头的拍摄内容还是有些迷惑，因此笔者在此总结了当前在网络上比较流行的几种空镜头拍摄内容。

- 拍摄蓝天下的绿叶：拍摄时可以手持相机缓慢移动，可以采用固定机位，可以旋转相机，也可以推或拉镜头，这样的空镜头几乎是"万金油"，可以应用在不同类型的视频中。同理，也可以拍摄蓝天下的花朵。

- 拍摄穿过树叶缝隙的阳光：这一题材适合逆光拍摄，使阳光在视频画面中产生光晕。同样的道理，也可以拍摄穿过手指缝隙、云层缝隙的阳光。

● 拍摄随风飘动的树叶、花朵：拍摄时可以考虑使用大光圈，以突出唯美的氛围。

● 拍摄车水马龙的街头：拍摄时可以使用延时视频的拍摄手法，以突出城市生活的快节奏；也可以使用拍摄慢动作的方法，使画面中的某一个行人、某辆车缓慢移动，以突出悠闲的情调。

● 拍摄建筑：无论是古代建筑还是现代建筑，均可以通过合适的移动机位配合运镜手法拍成可用度很高的空镜头。拍摄时，为了增加景深，可在前景找到植物或栏杆形成遮挡及虚化。

其他如咖啡溶解、信鸽飞翔、学生放学、老人蹒跚、风吹落叶、屋檐滴水等也都可以拍成空镜头，并根据视频的调性分别应用。

常见的空镜头拍摄方法

拍摄空镜头与拍摄主观镜头、客观镜头在技术上并没有区别，但在最终效果方面最好都是动感的。

● 当拍摄静止的对象时，最好采用移动机位或在固定机位使用可以拍出动感的推、拉、摇、移等运镜手法，从而让画面不显得单调。

● 当拍摄运动的对象时，可以采用固定机位进行拍摄，或者进行小范围的移动。

如果拍摄时机位无法移动，并且被拍摄对象也是静止的，可以尝试利用光影的移动来增强画面的动态效果。

如何拍摄绿幕抠像视频

绿幕视频的作用

如果要将人物与另一个场景进行合成，则需要提前拍摄绿幕背景视频。例如，在拍摄带货视频时，可以先拍摄主播讲解画面，再与工厂视频进行合成，或者将主播讲解画面与一个由 3D 软件渲染生成的场景进行合成，或者与计算机界面进行合成。

这也是许多电影常用的合成方式。

拍摄绿幕视频的方法

前期准备

要拍摄绿幕视频，需要在场地、灯光、幕布3个方面分别进行准备。

● 场地：主播距离背景幕布最好有 1.5 米的距离，以防止绿色幕布的颜色反射到主播身上。

● 灯光：要分别对主播及幕布打光，当给绿幕背景布光的时候，光线越平越好，这样能够确保幕布颜色均匀，没有高光点或者阴影块，以方便后期抠图，常见的方式是在幕布两侧 45° 的位置各放一盏灯。

● 幕布：根据场地及拍摄时所使用的镜头焦段，以不穿帮、漏背景为最低尺寸要求，幕布要尽量平整，以避免形成明暗不均的区域。

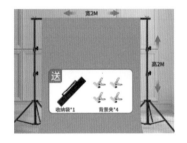

后期合成

完成拍摄后，即可使用剪映及 Premiere、Final Cut 等，能够完成抠图并合成视频的剪辑软件进行处理。

以 Premiere 为例，只需使用"视频效果"功能里的"超级键"，即可较完美地完成抠像合成任务，如右图所示。